초강력
파충류왕
생물 배틀 도감 2탄
시라와 츠요시 감수
서울문화사

들어가는 글

겨울이 가고 봄이 찾아오면 길가에 나와 햇볕을 쬐는 도마뱀과 연못 구석구석을 헤엄쳐 다니는 거북을 볼 수 있습니다. 이처럼 파충류는 어느 한 지역, 한 나라에만 존재하는 것이 아니라 전 세계 어디에서나 볼 수 있는 친숙한 생물입니다. 신비한 파충류를 자세히 관찰하다 보면 그 매력에 빠지게 됩니다. 파충류는 다양한 곳의 마스코트 캐릭터로 사용되거나 신성한 존재로 여겨지는 등 우리 가까이에 존재해 왔습니다.

그런데 공룡이 살았던 시대의 지층에서 파충류 화석이 발견됐다는 사실을 알고 있나요? 공룡 시대에 살았던 파충류의 특징을 지금의 파충류에서도 발견할 수 있습니다. 더 자세히 설명하면, 우리 주변에서 볼 수 있는 작은 도마뱀도 우리 인간이 태어나기 훨씬 전부터 지구에 존재했다는 것입니다. 따라서 치열한 대자연의 생존 경쟁에서 살아남은 파충류는 공룡의 후손이라고 할 수 있습니다.

현재 발견된 파충류는 1만 여종이 넘으며, 계속 새로운 종과 특성이 발견되고 있습니다. 오랫동안 파충류들과 함께한 저도 아직 파충류에 대해 모르는 것이 많고, 알면 알수록 사랑할 수밖에 없는 그들의 매력에 빠져 있습니다.

이 책에서는 파충류들의 매력과 능력을 알기 위해 그들의 생태를 소개하면서 토너먼트 형식의 파충류 배틀을 펼칩니다. 컴퓨터 그래픽(CG) 일러스트를 통해 박력 넘치는 배틀을 즐기고, 파충류를 좀 더 이해하면서 파충류에 대한 사랑이 한층 더 깊어지기를 바랍니다.

시라와 초요시

차례

초강력 파충류 최강왕 결정전

생생 파충류 탐구 & 신기한 파충류 이야기

호기심 파충류 도감 & 초강력 파충류왕 대도감에 등장한 파충류 소개

이 책에 대해서

파충류는 공룡 시대부터 대자연의 *약육강식 법칙 속에서 살아남으면서 다양한 능력을 획득해 왔다. 막강한 힘을 가진 턱, 한 번 물리면 살아남지 못하는 독니, 적의 공격을 막아 내는 등딱지 등이 대표적인 특징이다. 이 책에서는 독특한 개성을 지닌 전 세계 파충류 중에서 119종을 선별하여 그들의 능력과 생태를 소개한다. 이 책을 읽고 나면 파충류에 대해 좀 더 자세히 이해하게 될 것이다.

또한 뛰어난 전투 능력을 지닌 파충류 중에서도 세계 최강의 파충류를 결정하는 '초강력 파충류 최강왕 결정전'도 개최한다. 다양한 능력을 지닌 파충류의 배틀 장면을 박진감 넘치는 컴퓨터 그래픽(CG) 일러스트로 시뮬레이션해서 최강의 파충류왕을 결정한다.

배틀 규칙

① 각 토너먼트의 조합은 모두 추첨으로 결정한다.

② 배틀에 출전하는 파충류는 그 종에서 가장 큰 개체로 한다.

③ 배틀에서 두 선수의 체격 차이가 있는 경우에도 우월한 파충류에게 불리한 조건을 부여하지 않는다.

④ 배틀의 패배 조건은 사망한 경우, 상처를 입고 전투할 수 없는 상태가 된 경우, 확실한 전투 의욕 상실을 보여 배틀을 계속할 수 없게 된 경우로 한다. 어느 한 쪽이 이 조건을 만족할 때까지 배틀 시간은 무제한으로 계속한다.

⑤ 이전 배틀에서 받은 부상과 체력 저하는 다음 배틀에 영향을 주지 않는 것으로 한다.

⑥ 배틀 장소는 실제 사는 곳의 환경을 재현하지 않지만, 두 선수 모두에게 불리하지 않도록 설정한다.

⑦ 배틀 장소의 기온과 습도, 시간대 등도 두 선수가 힘을 마음껏 발휘할 수 있는 환경으로 조성한다.

출전 선수는 적극적으로 시합에 임한다!

파충류 중에는 온화한 성격을 가진 종과 공격적인 성격을 가진 종이 있다. 이번 토너먼트 시합은 최강왕을 결정하는 배틀이기 때문에 출전자의 기질이나 성격은 고려하지 않고, 파충류가 가진 순수한 힘과 능력만을 이용해 적극적인 힘겨루기를 한다.

주의할 점

· 이 책의 목적은 파충류를 다치게 하는 것이 아니라, 배틀을 통해 생물의 생태와 능력을 이해하는 것이다.
· 이 책에 등장하는 파충류의 배틀은 실제 싸움을 재현한 것이 아니라, 표본과 관찰 등의 연구 결과에 기초한 시뮬레이션이다. 따라서 실제 배틀의 결과도 반드시 이 책에 나오는 대로 승패가 난다고 할 수 없다.

이 책의 구성

본문 보기

① 파충류의 종류를 나타낸다.

② 파충류 이름의 영어 표기를 나타낸다.

③ 파충류의 이름을 나타낸다.

④ 파충류의 실제 사진이다.

⑤ 파충류의 생태와 주요 능력에 대해 설명한다.

⑥ 파충류의 공격력, 스피드, 체격, 파워, 방어력을 5단계로 나타낸다.

⑦ 파충류의 분류, 전체 길이(거북은 등딱지 길이), 먹이, 사는 곳, 특징(습성과 성격), 분포 지역을 나타낸다.

배틀 장면 보기

파충류 최강왕 결정전은 악어 대 악어의 싸움으로 시작된다. 오스트레일리아민물악어, 검정카이만 모두 어른 개체의 경우 그 지역의 최고 포식[illegible] 이 둘이 격돌했을 때 무슨 일이 일어날지 전혀 예상할 수가 없다. 빠르게 공격하는 오스[illegible]아민물악어가 승리의 깃발을 획득할 것인가, 모든 것을 부숴 버리는 강한 턱의 검정카이만이 분위기를 압도할 것인가? 과연 승자는 누가 될 것인가?

배틀 시작!

긴장감이 감도는 물가에서 서로를 주시하며 기회를 노린다!

서로를 노려보는 긴장감 속에서 시합이 시작되었다. 둘 다 입을 벌리고 전투태세로 성큼성큼 다가가 공격의 기회를 엿보고 있다. 체격 면에서 우월한 검정카이만이 좀 더 유리할까?

악어는 주둥이의 크기가 힘의 크기를 나타낸다. 악어는 싸울 때 상대를 물어뜯기 위해 입을 벌리고 위협하며 자신의 힘을 과시한다.

치명적인 결정타!

재빠른 공격으로 검정카이만을 덮친다!

먼저 움직인 쪽은 체격 면에서 열등한 오스트레일리아민물악어였다. 질주하는 말처럼 단숨에 거리를 좁히더니 입을 크게 벌려 빠른 스피드에 놀란 상대의 목덜미를 과감하게 물었다. 갑작스러운 공격에 검정카이만은 빠져나올 수 없었다.

공격 필살기!!

빠른 스피드로 급습하기

야생에서는 강한 힘과 체격도 중요하지만, 그와 동시에 빠른 스피드가 필요하다. 재빠르게 움직인 오스트레일리아민물악어의 완벽한 급습이었다.

승자

오스트레일리아민물악어

오스트레일리아민물악어는 악어 중에서도 특히 빠른 스피드로 유명하다. 체격적으로 우월한 검정카이만이 자신이 이길 것이라고 방심한 틈을 노려 빠르게 공격한 오스트레일리아민물악어가 승리의 영광을 차지했다.

① 배틀 장소와 배경에 대해 설명한다.

② 배틀 장면을 컴퓨터 그래픽(CG) 일러스트로 재현한다.

③ 승부를 가르는 클라이맥스 장면을 보여 준다.

④ 배틀에서 이긴 파충류의 공격 필살기를 소개한다.

배틀 관전 포인트

배틀 파충류들이 자연에서 같은 종끼리 영역 다툼을 벌이거나, 암컷을 두고 싸울 때, 또는 다른 파충류나 동물에게 표적이 되었을 때 보여 주는 공격이나 방어 행동을 기본으로 전투를 벌인다. 따라서 이 책의 배틀에서는 상대에게 치명상을 주는 공격뿐만 아니라 상대를 몰아내기 위한 행동도 승패로 이어질 수 있다.

파충류는 어떤 생물일까?

**전 세계에는 1만 종 이상의 파충류가 살고 있다.
다양한 곳에 살고 있는 파충류에 대해 알아보자.**

파충류는 종류에 따라 모습이 제각각이다. 딱딱한 등딱지를 가진 거북이나 독을 가진 뱀 등 사는 곳과 생태 환경에 맞게 적응하면서 진화했기 때문이다.

3가지 공통점

비늘이나 등딱지가 있다!

파충류는 적으로부터 몸을 보호하거나 몸이 건조해지는 것을 막기 위해 피부가 딱딱한 편이며, 비늘이 있는 종도 있다.
예외적으로 물속이나 땅속에 사는 파충류는 피부가 부드럽다.

변온동물이다!

파충류는 기온에 따라 체온이 변하는 변온동물이다. 따라서 체온을 높이기 위해 햇볕을 쬐거나 체온을 낮추기 위해 그늘을 찾는다. 겨울에 체온이 떨어지면 최악의 경우 죽을 수도 있기 때문에 겨울잠을 자는 파충류도 있다.

꼬리가 있다!

파충류는 대부분 꼬리가 있으며, 그중 도마뱀은 자신의 꼬리를 스스로 자르는 '자기 절단'으로 위기를 벗어난다. 꼬리가 몸에서 떨어져 나간 뒤에도 세포가 살아 있는 동안 움직일 수 있어서 포식자의 주의를 끌 수 있다.

특징적인 부위

▶거북의 등딱지는 사실 갈비뼈이다!

거북의 등딱지는 갈비뼈가 진화한 것으로 몸에서 떼어 내거나 벗겨 낼 수 없다. 주로 물속에 사는 종의 등딱지는 요철(오목함과 볼록함)이 적어 물의 저항을 줄일 수 있다.

피트 기관

▶뱀은 피트 기관으로 먹잇감을 찾아낸다!

뱀 중에 일부는 몸에 열 감지 기관인 피트 기관이 있다. 피트 기관은 열화상 카메라처럼 먹이의 체온을 적외선으로 탐지하는 기관이다. 뱀은 이 기관을 이용해서 풀숲에 숨겨져 있는 먹잇감의 위치를 알아낸다.

▶악어의 턱 힘은 단단한 뼈도 으깬다!

전 세계 생물의 무는 힘을 비교했을 때 악어는 3위 안에 들 정도로 턱의 힘이 강력하다. 악어의 턱은 몸에 비해 많은 비중을 차지하는데, 턱의 발달된 근육으로 먹잇감의 단단한 뼈도 쉽게 으깨 버린다. 또한 악어의 이빨은 한 번 빠져도 몇 번이고 계속해서 다시 난다.

파충류는 어디에 살까?

**파충류는 전 세계의 다양한 지역에 서식하고 있다.
주로 어떤 곳에서 생활하고 있는지 알아보자.**

숲

뱀, 도마뱀 등은 숲에 사는 종이 많다. 숲에는 서식하는 동물이 많아 먹이가 풍부하고, 숨을 곳이 많아 천적으로부터 몸을 숨기기 쉽기 때문이다.

모래땅

▶ 건조한 지역에서 중요한 것은 물 확보

양서류와 다르게 파충류는 사막 등 건조한 모래땅이나 바위가 많은 곳에서도 살 수 있다. 물 확보가 중요한 사막에서는 독특한 방법으로 물을 얻는 파충류도 있다.

▶무거운 몸으로도 이동하기 쉬운 물가

대부분의 악어는 물가에 서식하며, 그린아나콘다 등의 대형 뱀도 물과 가까운 곳에서 생활한다. 물속에서는 몸이 무거워도 움직이기 쉽고 물을 마시러 온 먹잇감도 잡을 수 있다. 또한 물가에서는 몸이 건조해지는 것을 막을 수 있다.

▶물속에서 움직이기 쉽게 특화된 몸 구조

파충류 중에는 일생의 대부분을 물속에서 보내는 종도 있다. 바다뱀과 바다거북의 몸 구조는 바다에서 생활하기에 특화되어 있는데, 육지에서는 행동이 느리지만, 물속에서는 매우 빠른 속도로 헤엄칠 수 있고 오랫동안 잠수할 수도 있다.

▶의외로 쾌적한 땅속 생활

파충류 중에는 온도가 안정적인 땅속에 구멍을 파서 둥지를 틀거나 알을 낳는 종이 있다. 그중에는 일생을 땅속에서 보내는 파충류도 있다. 어두운 땅속에 사는 파충류는 시력이 별로 필요 없기 때문에 눈의 기능이 퇴화된 경우가 많다.

파충류가 좋아하는 먹이는 무엇일까?

파충류는 크게 육식성과 초식성으로 나눌 수 있으며,
그중에는 둘 다 먹는 잡식성도 있다.

육식 작은 곤충부터 대형 포유류까지 개체에 따라 몸 크기에 맞는 먹잇감을 사냥해서 잡아먹는다.

육식을 하는 파충류는 식물만 먹는 파충류에 비해 빠르게 움직일 수 있고, 사냥을 위한 독이나 송곳니 등의 무기가 발달했다. 알만 먹거나 달팽이만 먹는 등 한쪽으로 치우친 먹이 활동을 하는 뱀도 있다.

초식 **주로 식물의 잎과 꽃, 열매를 먹는다. 바다 근처에 사는 파충류 중에는 해초만 먹는 종도 있다.**

식물을 먹는 파충류에는 거북과 도마뱀이 있다. 육지 거북은 먹이가 도망가지 않기 때문에 매우 천천히 움직인다. 또한 나무를 오르고 단단한 열매를 깨기 위해 육식 동물처럼 발톱이 강하고 주둥이가 단단하다.

파충류와 양서류의 차이점은 무엇일까?

양서류는 물가를 떠날 수 없다!

다 자란 양서류는 폐와 습한 피부로 호흡한다. 따라서 피부가 마르면 호흡을 하지 못해 죽을 수도 있기 때문에 물가를 떠날 수 없다.

양서류는 아가미 호흡을 한다!

양서류의 유생(어린 개체)은 아가미를 사용해 호흡하기 때문에 주로 물속에서 생활한다. 반면 파충류의 유생은 처음부터 폐 호흡을 하기 때문에 육지 생활을 하는 종이 많다.

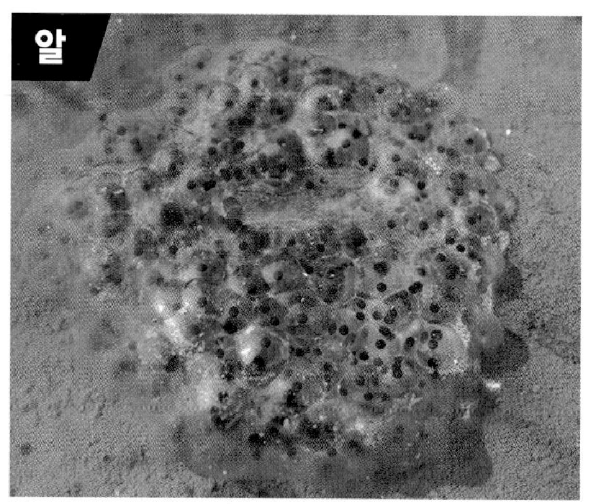

알껍데기가 다르다!

개구리 등의 양서류는 대부분 알을 물속이나 물가에 낳는데, 알의 표면이 물고기의 알처럼 연약하다. 반면 파충류의 알은 껍데기가 있고 단단한 편이다.

초강력 파충류왕 대도감

악어목

강한 턱을 가진 물가의 제왕

공룡 시대부터 존재했던 악어들.
약 2억 년 전부터 포식자로 살아온 파충류의 왕이다.

악어 세계의 최고 스피드 스타

오스트레일리아민물악어

배틀 출전!

배틀 상대
검정카이만

오스트레일리아의 호수나 하천에서 흔히 볼 수 있는 악어이다. 몸이 유연해서 육지에서도 민첩하게 행동하며 전속력으로 질주할 수 있다. 손꼽히는 맹수이지만 자기 새끼에게는 매우 상냥하다. 어미는 물가에 구멍을 파서 알을 낳는데, 새끼가 알을 까고 나올 때 소리로 알아 차리고 흙을 걷어 내 새끼가 땅 위로 올라올 수 있게 도와준다.

분류	크로커다일과
전체 길이	3m
먹이	물고기, 갑각류, 소형 동물
사는 곳	강, 호수, 늪
특징	전속력으로 질주하는 스피드

분포 지역 오스트레일리아 북부

강력한 공격 필살기

땅 위에서도 뛰어난 순발력으로 순식간에 습격한다!

악어 중에서 몸이 가는 편이며, 민첩하기로 유명하다. 짧은 거리는 사람이 마라톤을 달리는 속도와 맞먹을 정도로 빠르게 이동할 수 있다. 작은 생물을 사냥할 때는 펄쩍 뛰어올라 낚아챈다. 이동 속도뿐만 아니라 먹잇감을 공격해 물어뜯는 속도도 매우 빠르며, 한번 잡은 먹잇감은 절대 놓치지 않는다. 성체(어른 개체)는 주변 생태계의 상위 포식자에 해당한다.

고대 특징을 지닌 공포의 대상

쿠바악어

현존하는 크로커다일과 중에서 원시적인 특징을 지닌 악어로, 성격이 매우 공격적이다. 가끔씩 물가뿐만 아니라 물가 주변의 육지에서도 탐욕스럽게 먹이를 찾는다. 자연환경의 변화로 현재는 쿠바의 일부 늪에서만 서식하며 멸종 위기에 처했다.

분류	크로커다일과
전체 길이	3.5m
먹이	물고기, 파충류, 소형 동물
사는 곳	늪
특징	매우 공격적이고 탐욕스러운 식성

분포 지역 쿠바

큰 턱을 가진 아메리카 대륙의 고유종

아메리카앨리게이터

공격력
스피드
체격
파워
방어력

염분이 없는 민물을 좋아해 강이나 호수 등에서 흔히 볼 수 있는 아메리카 대륙의 고유종이다. 추운 지역에서는 겨울잠을 자는 것으로도 유명하다. 수컷은 영역 의식이 매우 강해 다른 수컷이 침입하면 싸우기도 한다. 암컷은 알이 부화한 뒤에도 새끼를 1년 이상 돌보기도 한다. '미국악어', '미시시피악어'라고도 부른다.

분류	앨리게이터과
전체 길이	6m
먹이	물고기, 조류, 소형 포유류
사는 곳	강, 연못, 늪
특징	추운 지역에서는 겨울잠을 잠

분포 지역 미국 남동부

물속의 숨은 사냥꾼

늪지악어

늪지나 호수처럼 물살이 약한 장소를 좋아하며, 물속에 숨어 있다가 튀어나와 기습하는 것이 특기이다. 폭이 넓고 튼튼한 턱으로 무는 힘이 매우 강하며, 물소 등의 대형 포유류를 덮쳐 먹잇감으로 삼기도 한다. 일부 지역에서 신성한 동물로 보호받고 있으며, '늪악어', '인도늪악어'라고도 부른다.

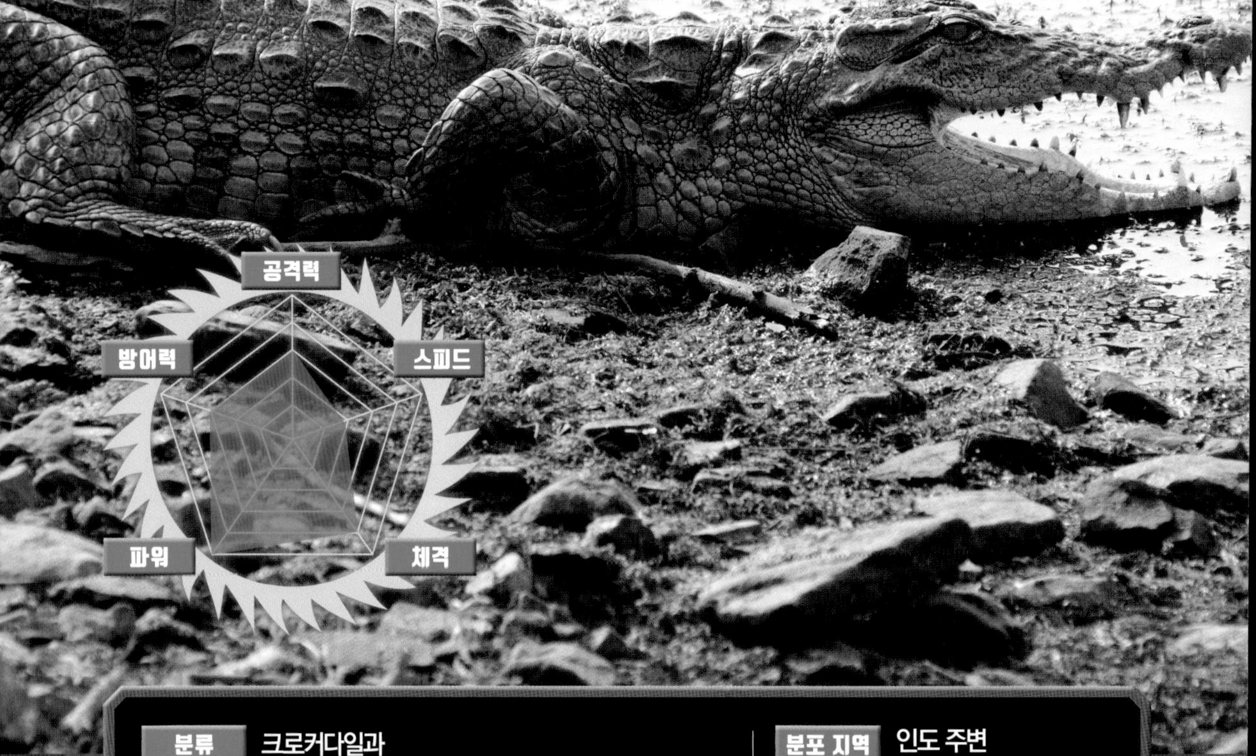

분류	크로커다일과
전체 길이	4m
먹이	물고기, 대형 포유류
사는 곳	늪, 호수, 강
특징	물살이 약한 장소를 좋아함
분포 지역	인도 주변

작은 몸의 폭군

안경카이만

눈 사이에 돌기가 있는데, 안경을 쓴 모습처럼 보여서 '안경카이만'이라고 불린다. 성격이 거칠지만 악어 중에서는 비교적 몸집이 작아서 사람을 공격하는 일은 드물다. 산란을 앞둔 암컷은 나뭇가지나 진흙으로 무덤 모양의 둥지를 만들어 그 속에 알을 낳는다.

분류	앨리게이터과
전체 길이	2m
먹이	물고기, 소형 동물
사는 곳	늪, 호수, 강
특징	안경을 쓴 것 같은 모습

분포 지역 중앙아메리카, 남아메리카

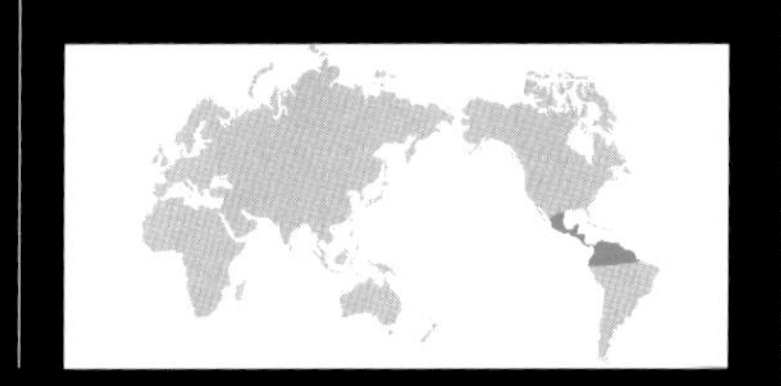

뭐든지 먹어 치우는 민물의 대식가

검정카이만

배틀 출전!

배틀 상대

오스트레일리아민물악어

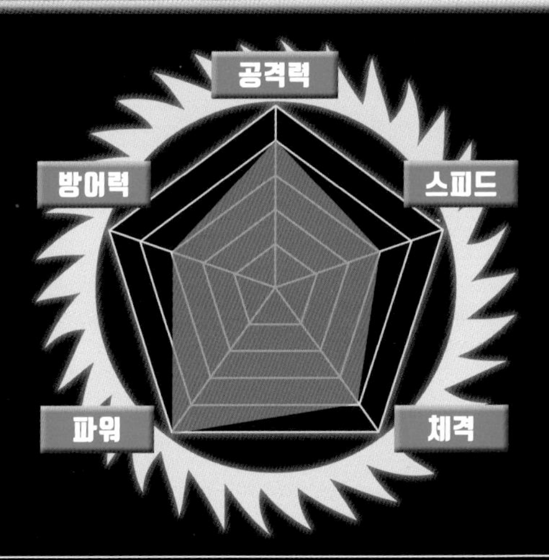

카이만 중에서 전체 길이가 가장 길다. 남아메리카에 분포하고 있으며, 주로 고인 물속에 큰 몸을 숨기고 있다가 넓고 튼튼한 턱으로 물가에 접근하는 다양한 생물을 사냥한다. 최근에는 검정카이만의 개체 수가 줄어들어 서식처 주변에 검정카이만이 먹이로 삼았던 카피바라의 수가 증가했다.

분류	앨리게이터과
전체 길이	5m
먹이	물고기, 갑각류, 파충류, 포유류
사는 곳	물살이 완만한 강, 호수, 늪
특징	넓고 튼튼한 턱

분포 지역 남아메리카

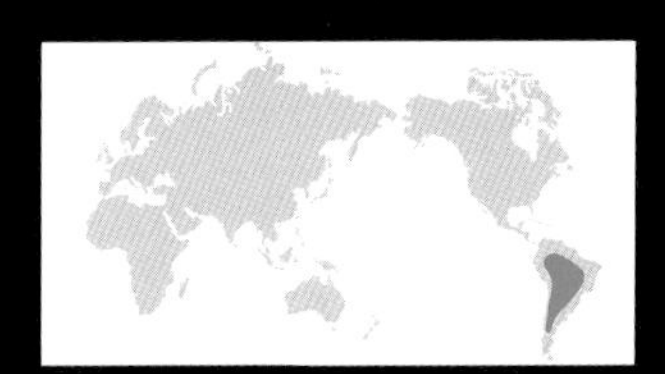

강력한 공격 필살기

넓고 강한 턱에 잡히면 탈출할 수 없다!

검정카이만은 V자 모양의 넓고 튼튼한 턱을 가지고 있다. 한번 물리면 아무리 발버둥 쳐도 탈출할 수 없는데, 단단한 등딱지를 가진 거북이나 딱딱한 조개도 으깨서 먹을 정도로 턱의 힘이 강력하다. 어릴 때는 물고기나 곤충 등을 먹지만 다 자라면 포유류도 잡아먹는다.

뛰어난 수영 선수

긴코악어

아프리카의 민물 지역에 서식하며, 바닷물이 섞인 곳에서도 드물게 발견된다. 이름 그대로 가늘고 긴 코와 날쌘 몸이 어우러져 수영 실력이 매우 뛰어나다. 사람보다 큰 개체도 있으며, 성격이 매우 소심하고 신경질적이다. 멸종 위기에 처한 악어이다.

공격력
스피드
체격
파워
방어력

분류	크로커다일과
전체 길이	2 ~ 4m
먹이	새우, 게, 개구리, 물고기 등
사는 곳	호수, 강
특징	가늘고 긴 코
분포 지역	서아프리카, 아프리카 중부

나일강의 제왕

나일악어

아프리카에서 가장 큰 악어로, 몸의 폭이 넓고 두꺼운 비늘이 갑옷처럼 몸을 보호하고 있다. 매우 공격적이며, 무는 힘이 강한 최고 포식자이다. 대부분의 동물을 잡아먹을 수 있으며, 협조성이 뛰어나 때로는 무리 지어 대형 포유류를 사냥하고 먹이를 나누기도 한다.

분류	크로커다일과
전체 길이	6m
먹이	물고기, 파충류, 포유류
사는 곳	호수, 강 하구
특징	매우 공격적인 성격
분포 지역	아프리카 마다가스카르

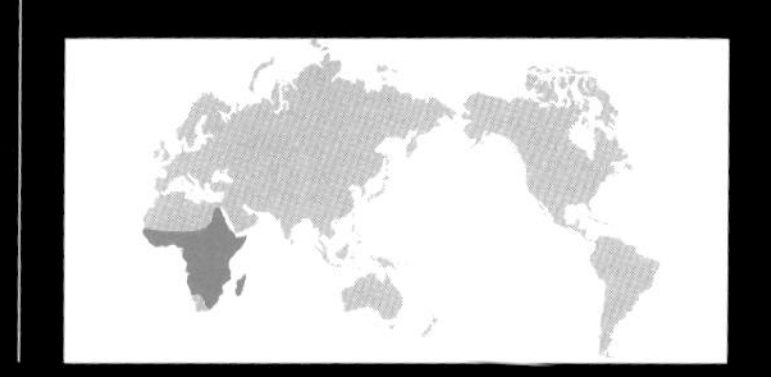

닥치는 대로 먹어 치우는 강자

바다악어

배틀 출전!

배틀 상대

오스트레일리아민물악어 또는 검정카이만

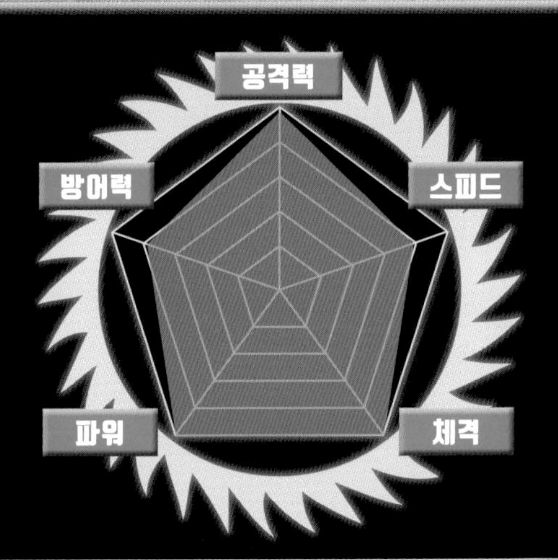

악어 중에서 몸집이 가장 큰 종으로 매우 공격적이다. 거대한 몸집으로 대형 포유류와 파충류도 혼자서 사냥한다. 바닷물에 적응할 수 있어 항구에서 흔히 볼 수 있으며, 해류를 타고 멀리 이동하기도 한다. 바다악어는 지능이 매우 뛰어나며, 소리를 내서 다른 악어들과 의사소통을 한다.

분류	크로커다일과
전체 길이	7m
먹이	물고기, 파충류, 포유류
사는 곳	하구역(강이 바다로 흘러들어 가는 어귀), 맹그로브
특징	악어 중에서 가장 큰 몸집

분포 지역 인도 동남부, 오스트레일리아 북부

강력한 공격 필살기

머리부터 꼬리까지 몸 전체가 막강한 무기이다!

현존하는 파충류 중에서 가장 크고 무거우며, 턱의 무는 힘도 최고로 손꼽힌다. 거대한 몸집과 턱의 힘을 활용해 대형 동물도 혼자서 충분히 사냥할 수 있다. 단단한 비늘, 날카로운 발톱, 굵은 꼬리를 가졌으며, 질병에 대한 저항력이 강해서 분포 지역에서 절대적인 세력으로 다른 생물들에게 공포심을 주는 존재이다.

튼튼한 턱만큼 강한 자식 사랑

넓은입카이만

악어 중에서 특히 주둥이 끝이 짧고 넓다. 턱의 힘이 매우 강력해서 딱딱한 것도 물어서 으깰 수 있다. 다른 악어에 비해서 새끼에 대한 사랑이 매우 강한 종으로, 풀과 나뭇가지로 둥지를 만들고 알이 부화하면 새끼를 정성껏 돌보며 키운다.

분류	앨리게이터과
전체 길이	2~3m
먹이	조개, 물고기, 조류
사는 곳	늪, 호수, 강
특징	끝이 짧고 넓은 주둥이

분포 지역 남아메리카 중부

가늘고 긴 주둥이를 가진 악어

말레이가비알

가늘고 긴 주둥이가 특징이다. 생김새가 비슷한 '가비알'과 같은 종이라는 의견과, '크로커다일'과 같은 종이라는 의견이 있어 현재까지 논의 중이다. 또한 고대 악어 화석에서 말레이가비알과 비슷한 몸의 특징이 발견되었다.

분류	크로커다일과
전체 길이	3~5m
먹이	물고기, 소형 포유류
사는 곳	늪, 호수, 강
특징	가늘고 긴 주둥이

분포 지역 보르네오섬, 수마트라섬, 말레이반도

가늘고 긴 턱을 가진 물속 사냥꾼

인도가비알

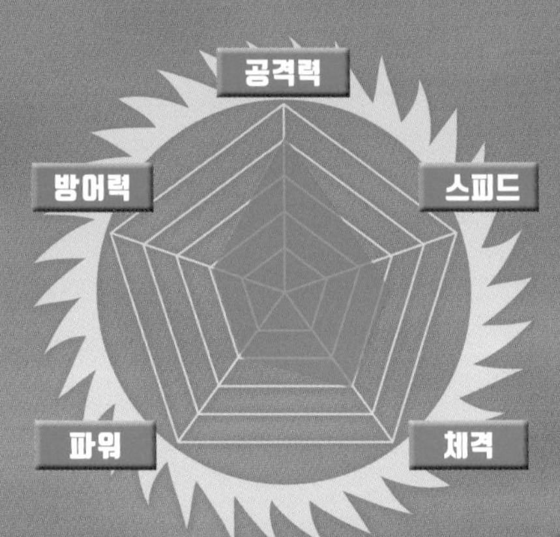

주둥이 끝이 매우 가늘고 긴 독특한 외모를 가지고 있다. 주둥이가 물의 저항을 받지 않기 때문에 물속에서 빠르게 움직여 물고기를 잡을 수 있다. 입에는 날카로운 이빨이 빼곡하게 있어 한번 문 먹잇감을 놓치지 않는다.

분류	가비알과
전체 길이	4~6m
먹이	물고기, 갑각류
사는 곳	강
특징	매우 가늘고 긴 주둥이

분포 지역 인도, 네팔

초강력 파충류 최강왕 결정전
악어 대표 결정전

동작이 민첩한 악어 세계의 최고 스피드 스타인 오스트레일리아민물악어와 단 한 번의 공격으로도 상대의 숨통을 끊어 놓는 강한 턱의 검정카이만, 그리고 악어 중에서 가장 큰 몸집을 가진 바다악어가 악어 대표 결정전에서 맞붙는다. 최강의 악어들이 어떤 배틀을 펼치게 될지 기대된다.

오스트레일리아민물악어 VS 검정카이만

파충류 최강왕 결정전은 악어 대 악어의 싸움으로 시작된다. 오스트레일리아민물악어, 검정카이만 모두 어른 개체의 경우 그 지역의 최고 포식자이므로 이 둘이 격돌했을 때 무슨 일이 일어날지 전혀 예상할 수가 없다. 빠르게 공격하는 오스트레일리아민물악어가 승리의 깃발을 획득할 것인가, 모든 것을 부숴 버리는 강한 턱의 검정카이만이 분위기를 압도할 것인가? 과연 승자는 누가 될 것인가?

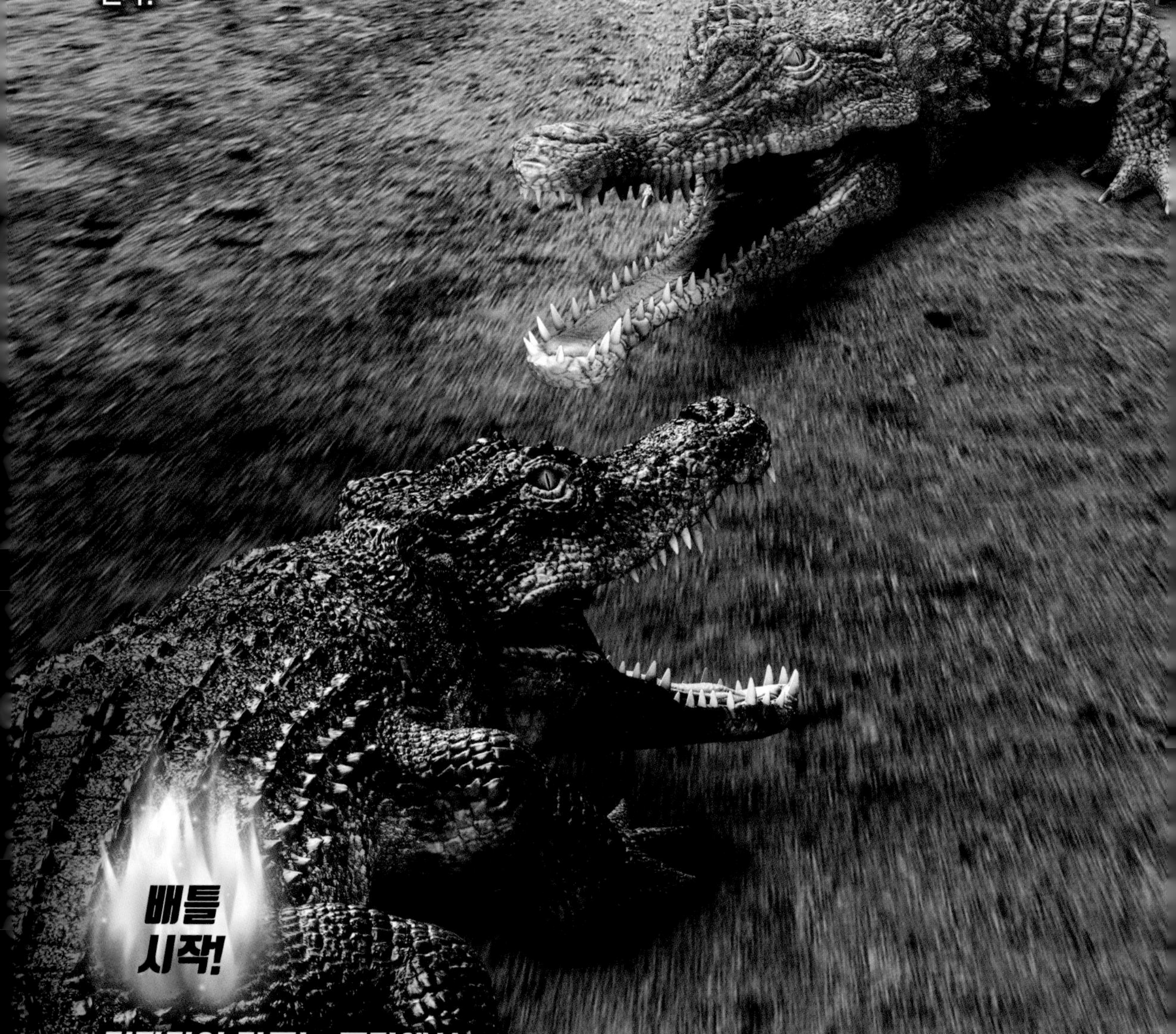

배틀 시작!

긴장감이 감도는 물가에서 서로를 주시하며 기회를 노린다!

서로를 노려보는 긴장감 속에서 시합이 시작되었다. 둘 다 입을 벌리고 전투태세로 성큼성큼 다가가 공격의 기회를 엿보고 있다. 체격 면에서 우월한 검정카이만이 좀 더 유리할까?

악어는 주둥이의 크기가 힘의 크기를 나타낸다. 악어는 싸울 때 상대를 물어뜯기 위해 입을 벌리고 위협하며 자신의 힘을 과시한다.

치명적인 결정타!

재빠른 공격으로 검정카이만을 덮친다!

먼저 움직인 쪽은 체격 면에서 열등한 오스트레일리아민물악어였다. 질주하는 말처럼 단숨에 거리를 좁히더니 입을 크게 벌려 빠른 스피드에 놀란 상대의 목덜미를 과감하게 물었다. 갑작스러운 공격에 검정카이만은 빠져나올 수 없었다.

공격 필살기!!

빠른 스피드로 급습하기

야생에서는 강한 힘과 체격도 중요하지만, 그와 동시에 빠른 스피드가 필요하다. 재빠르게 움직인 오스트레일리아민물악어의 완벽한 급습이었다.

승자

오스트레일리아민물악어

오스트레일리아민물악어는 악어 중에서도 특히 빠른 스피드로 유명하다. 체격적으로 우월한 검정카이만이 자신이 이길 것이라고 방심한 틈을 노려 빠르게 공격한 오스트레일리아민물악어가 승리의 영광을 차지했다.

오스트레일리아민물악어 VS 바다악어

제1시합에서 많은 사람들의 예상과 다르게 체격적으로 불리한 오스트레일리아민물악어가 승리하였다. 오스트레일리아민물악어가 기세를 몰아 두 번째 배틀에서도 승리를 거두고 악어 세계의 최강자 자리를 차지하려고 한다. 그러나 그의 앞을 가로막은 상대는 우승 후보인 바다악어이다. 과연 이번 시합에서는 어떤 승부가 펼쳐질까? 오스트레일리아민물악어는 어떤 작전을 세웠을까? 운명의 두 번째 경기가 시작된다.

배틀 시작!

상대와의 체격 차이를 극복해야 이길 수 있다!

넓고 강한 턱을 가진 검정카이만을 물리치고 승리한 오스트레일리아민물악어는 자기 체격의 두 배가 넘는 바다악어와의 배틀에서도 같은 작전을 세웠다. 몸이 무거워 보이는 바다악어를 향해 단숨에 달려들었다. 바다악어와의 정면 승부를 피하고 바다악어의 측면을 공격하기 위해서 예리한 입을 더 크게 벌려 바다악어의 옆구리를 선제공격한다.

치명적인 결정타!

잔재주가 통하지 않는 압도적인 힘을 보여 준다!

그러나 바다악어는 오스트레일리아민물악어의 재빠른 공격에 전혀 흔들리지 않았다. 파충류 중에서 가장 무거운 바다악어는 몸을 움직이기만 했을 뿐인데 상대가 나동그라졌다. 바다악어는 어리둥절한 오스트레일리아민물악어에게 다가가 데스롤 공격을 시도한다. 커다란 입으로 상대의 옆구리를 물고 무시무시한 데스롤 공격을 퍼부었다.

*데스롤: 상대를 물고 몸을 굴리면서 물었던 부위를 비틀어 뜯어내는 기술.

공격 필살기!!

공포의 데스롤 공격

지상 최강의 턱을 가진 바다악어가 먹잇감을 물고 온몸으로 회전하는 공격을 퍼붓는다면 상대는 패배할 수밖에 없다.

바다악어

바다악어는 오스트레일리아민물악어를 무는 데 성공하자 그대로 몸을 빙글빙글 회전시켰다. 필살기인 데스롤 공격을 맹렬히 퍼붓자 오스트레일리아민물악어가 항복을 선언했다.

강하고 멋있는 파충류의 왕, 악어

악어는 다양한 지역의 환경에 적응하면서 살아간다.
여러 지역의 악어에 대해 알아보자.

성격이 온순한
▶샴악어(Siamese crocodile)

분류: 크로커다일과 / 전체 길이: 3~4m / 먹이: 물고기, 새우, 파충류

샴(Siam)은 태국을 의미한다. 악어 중에서 성격이 온순한 편이며, 크기는 중간 정도로 동물원에서 흔히 볼 수 있는 악어이다.

겨울잠을 자는
양쯔강악어(Chinese alligator)◀

분류: 앨리게이터과 / 전체 길이: 2m / 먹이: 조개, 곤충

야행성이며, 중국 양쯔강 주변의 풀이 우거진 연못이나 호숫가에 살고 있는 소형 악어이다.

원시적이고 작은
▶난쟁이카이만(Cuvier's dwarf caiman)

분류: 앨리게이터과 / 전체 길이: 1.2~1.5m / 먹이: 조개, 곤충, 물고기

'눈꺼풀가이만'이라고도 하며, 앨리게이터과에서 가장 작다. 고대 악어의 특징이 있으며, 비늘이 매우 단단한 것으로 유명하다. 민물을 좋아해 강이나 호수 등에서 자주 볼 수 있다.

오리노코강의 폭군인
오리노코악어(Orinoco crocodile)◀

분류: 크로커다일과 / 전체 길이: 6.7m / 먹이: 물고기, 포유류

남아메리카 대륙에 서식하며, 성격이 사납다. 물가로 접근하는 대형 포유류를 덮쳐 물속으로 끌고 들어가기도 한다.

육지에서 생활하는

▶난쟁이악어(Dwarf crocodile)

분류: 크로커다일과 / 전체 길이: 1.5~2m / 먹이: 물고기, 조개, 갑각류

주로 육지에서 생활하며, 물가에서 떨어진 장소에서 발견되기도 한다. 강한 턱과 이빨로 단단한 조개나 게도 잘근잘근 으깬다.

무늬가 아름다운

피라냐카이만(Yacare caiman)◀

분류: 앨리게이터과 / 전체 길이: 1.5~2m / 먹이: 물고기, 조개, 갑각류

주로 물속에 사는 중형 악어이다. 과거에 가죽을 노린 사냥꾼들 때문에 개체 수가 많이 감소했으나 현재는 브라질 정부의 보호를 받고 있다.

육지 생활에도 적응한

▶매끈이카이만(Schneider's dwarf caiman)

분류: 앨리게이터과 / 전체 길이: 1.5~2m / 먹이: 물고기, 조개, 갑각류

완전히 성장하면 육지에서 생활한다. 빠르게 움직일 수 있지만, 물가에 있는 동굴이나 쓰러진 나무 등에 숨어 꼼짝하지 않을 때가 많다.

달팽이를 좋아하는

필리핀악어(Philippine crocodile)◀

분류: 크로커다일과 / 전체 길이: 1.5~3m / 먹이: 물고기, 달팽이, 조개

필리핀 일부 지역에만 분포하는 멸종 위기종으로, 매우 희귀한 악어이다. 크기는 중형이며, 주로 달팽이를 잡아먹는다.

물새 사냥꾼인

▶뉴기니악어(New Guinea crocodile)

분류: 크로커다일과 / 전체 길이: 3m / 먹이: 물고기, 조류, 포유류

몸집이 크지만 물속에서 매우 빠르게 이동할 수 있다. 민첩하게 움직여 물속으로 다가오는 물새를 덮쳐 잡아먹는다.

모성애가 강한

아메리카악어(American crocodile)◀

분류: 크로커다일과 / 전체 길이: 5~6m / 먹이: 파충류, 물고기 등

새끼를 매우 열심히 돌보는 대형 악어이다. 적의 습격을 피하기 위해서 어미 악어는 새끼를 입속에 넣고 물가까지 안전하게 운반한다.

새끼를 보호하는 파충류들

파충류 중에는 알과 부화한 새끼를 정성스럽게 돌보는 종도 있다.

알에서 갓 태어난 새끼는 적에게 표적이 되기 쉽다.

악어 중에는 어미가 새끼를 입속에 넣어 안전하게 이동시키는 종도 있다.

솔방울도마뱀도 새끼를 키우는 도마뱀이다.

코브라 중에는 둥지를 틀고 알을 보호하는 종도 있다.

파충류 중에는 알이나 새끼를 지극정성으로 돌보는 종이 있다. 야생에는 알이나 새끼를 노리는 동물이 많은데, 이렇게 부모가 적이나 추위로부터 새끼를 보호하면 새끼의 생존 확률을 높일 수 있다. 특히 악어는 알을 깨고 나온 새끼를 1년 가까이 돌보기도 한다. 악어가 공룡이 살던 시대부터 지금까지 하나의 종으로 살아남을 수 있었던 것은 새끼에 대한 깊은 애착 때문일지도 모른다.

초강력 파충류왕 대도감

뱀아목

소리 없이 몰래 다가오는 사냥꾼

나무에 오르고 독을 내뿜으며 숨통을 조이는 뱀.
다양한 방법으로 먹잇감을 잡는 뱀은 타고난 사냥꾼이다.

세계에서 가장 긴 독사

킹코브라

배틀 출전!

배틀 상대

검은맘바

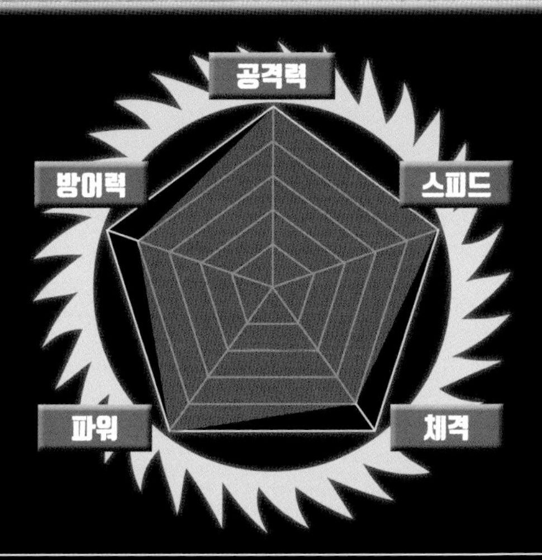

킹코브라는 밤낮을 가리지 않고 활동하며, 다른 뱀과 도마뱀을 잡아먹는다. 힘이 세고 독사 중에서 전체 길이가 가장 길다. 낙엽과 마른 가지 등을 모아 지름 1m 정도의 둥지를 틀고 4 ~ 8월 사이에 20 ~ 50개나 되는 알을 낳는다. 암컷은 산란한 후 둥지 위에서 알을 보호한다.

분류	코브라과
전체 길이	300 ~ 550cm
먹이	뱀류
사는 곳	숲, 숲 근처
특징	둥지를 틀고 알을 낳음

분포 지역 인도, 중국 남부, 동남아시아

강력한 공격 필살기

독이 들어 있는 송곳니로 많은 양의 독을 주입한다!

킹코브라는 세계에서 가장 긴 독사로, 송곳니에서 한 번에 나오는 *신경독의 양이 7ml나 된다. 이것은 사람 20명, 큰 코끼리 1마리를 죽일 수 있는 많은 양이다. 상대를 위협할 때는 목의 후드를 펼쳐 머리를 들고 사람의 가슴 높이까지 일어나는데, 대부분의 코브라와 다르게 킹코브라는 그 자세를 유지한 채 이동할 수 있으므로 킹코브라를 만나면 주의해야 한다.

*신경독: 몸 전체에 퍼져서 뇌의 명령을 전달하는 신경을 손상시키는 독성 물질.

적을 겨냥해 독을 뿜는 저격수

고리무늬스피팅코브라

적을 향해 입에서 독액을 2.5m나 뿜어내는 코브라이다. 사람을 공격할 때는 정확하게 눈을 향해 독을 내뿜는다. 독은 주로 신경독이지만 혈관이나 혈액을 손상시키는 출혈독을 포함하고 있어 물린 부위가 *괴사하기도 한다. 반면 상대가 강할 경우에는 벌러덩 드러누워 죽은 척을 한다.

분류	코브라과
전체 길이	90 ~ 110cm
먹이	양서류, 소형 파충류
사는 곳	열대 초원, 저지대 숲
특징	입에서 뿜어내는 독
분포 지역	아프리카 남동부

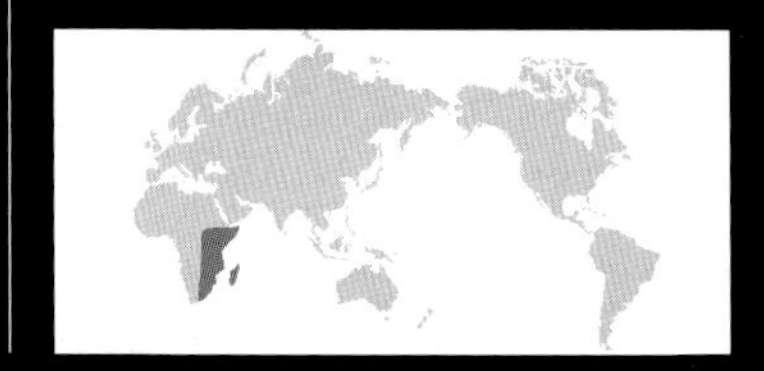

*괴사: 생체 내의 조직이나 세포가 부분적으로 죽는 일.

독성이 강한 사냥꾼

내륙타이판

신경독과 출혈독이 섞인 강력한 독을 가진 사나운 독사이다. 한 번에 110㎎의 많은 독을 내뿜어 성인 남자 100명의 목숨을 위협할 수 있다. 살무사 독의 800배나 되는 맹독이기 때문에 물리면 30분 안에 목숨을 잃게 된다. 성격은 온순하지만, 동작이 재빨라 주의해야 한다. 몸이 여름에는 밝은색을 띠고 겨울에는 검게 변한다는 특징이 있다.

분류	코브라과
전체 길이	180 ~ 250cm
먹이	소형 포유류
사는 곳	건조한 초원과 바위터(바위가 자리 잡은 터)
특징	계절에 따라 변하는 몸 색깔

분포 지역 오스트레일리아 내륙부

바닷속을 헤엄쳐 다니는 바다뱀

좁은띠큰바다뱀

사람이 잘 찾지 않는 해안가 바위틈에 숨어 있다가 밤이 되면 붕장어나 곰치 등 바위 주변에 있는 어류를 잡아먹으러 나온다. 바닷속을 아주 재빠르게 헤엄쳐 다니며, 성격은 온순한 편이다. 사람을 잘 물지 않지만, 매우 강한 신경독을 지니고 있으므로 주의해야 한다.

분류	코브라과
전체 길이	70 ~ 120cm
먹이	물고기
사는 곳	해안가 바위틈
특징	파란색 몸에 있는 검고 굵은 띠

분포 지역 태평양에서 인도양의 열대 해역

꼬리를 흔들며 위협하는 사막의 독사

사이드와인더방울뱀

몸을 S자 형태로 구부리며 사막 모래 위를 옆으로 기어가듯 이동하는 독사이다. 야행성으로 낮에는 다른 동물의 굴이나 풀숲에 숨어 지낸다. 생명을 위협할 정도의 강한 독은 아니지만, 물린 부위가 괴사하기도 한다. 적이 다가오면 꼬리 끝에 있는 발음기를 흔들어 경고의 소리를 낸다.

분류	살무삿과
전체 길이	60~80cm
먹이	소형 포유류, 작은 새, 도마뱀
사는 곳	사막
특징	꼬리 끝에 있는 발음기
분포 지역	아메리카 남서부, 멕시코 북서부

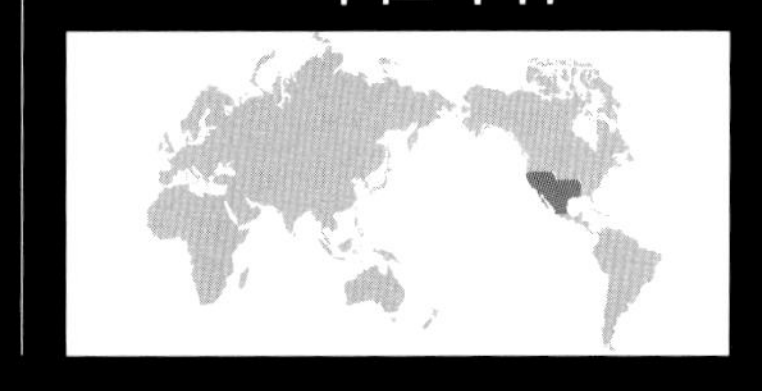

*발음기: 동물의 몸에서 소리를 내는 기관.

강한 독이 무기인 재빠른 사냥꾼

검은맘바

배틀 출전!

배틀 상대
킹코브라

검은맘바는 전체 길이가 킹코브라에 이어 두 번째로 긴 독사로, 꼬리가 전체 길이의 약 25%를 차지한다. 이동 속도가 매우 빠르며 최대 시속 16km의 속도를 내는 개체도 있다. 땅 위에서 살지만 나무를 잘 타서 나무 위 새 둥지를 덮치기도 한다. 입안이 검은색을 띠고 있기 때문에 '검은맘바', '블랙맘바'라는 이름이 생겼다.

분류	코브라과
전체 길이	200 ~ 350cm
먹이	소형 포유류, 조류
사는 곳	초원, 숲
특징	매우 빠른 이동 속도

분포 지역 아프리카

강력한 공격 필살기

순식간에 파고드는 이빨로 정확하게 공격한다!

검은맘바는 매우 공격적이고 한 번에 많은 양의 독을 내뿜는 위험한 독사이다. 평소에는 조심스럽게 움직이지만, 적의 공격을 받으면 전체 길이의 약 40%가 되는 높이까지 몸을 들어 올려 빠르고 정확하게 공격한다. 위험을 느끼면 사람을 공격하므로 가까이 다가가면 안 된다. 물렸을 때 치료를 하지 않으면 45분 안에 사망할 정도의 맹독을 가졌다.

하늘을 날아다니는 뱀

파라다이스나무뱀

배에 있는 비늘 돌기를 이용해 나무껍질을 타고 나무 위로 올라갈 수 있다. 높은 나무에서 내려올 때는 갈비뼈를 펼쳐 몸을 평평하게 만든 다음 좌우로 S자를 그리며 글라이더처럼 활공한다. 나무 위에서 땅을 향해 활공할 때는 수평으로 10m나 이동할 수 있다. 어금니 쪽에 있는 독니에 약한 독을 지녔다.

분류	뱀과
전체 길이	100 ~ 120cm
먹이	양서류, 뱀, 도마뱀, 소형 포유류
사는 곳	열대 우림
특징	공중을 활공함
분포 지역	동남아시아

10m나 자라는 거대 뱀

그물무늬비단뱀

공격력
스피드
체격
파워
방어력

열대 우림을 중심으로 인가(사람이 사는 집) 근처나 밭 등 경작지 주변의 물가에 서식한다. 아나콘다와 견줄 만한 크기의 거대 뱀으로, 독은 없지만 긴 몸으로 먹잇감을 강하게 조여 단시간에 심장을 멈추게 한다. 원숭이나 멧돼지를 잡아먹으며, 사람을 습격하기도 한다.

분류	비단뱀과
전체 길이	10m
먹이	중형 · 대형 포유류, 조류
사는 곳	열대 우림과 경작지 주변의 물가
특징	그물 모양의 무늬

분포 지역 동남아시아

최강 조르기 기술을 가진 파이터

그린아나콘다

배틀 출전!

배틀 상대

킹코브라 또는 검은맘바

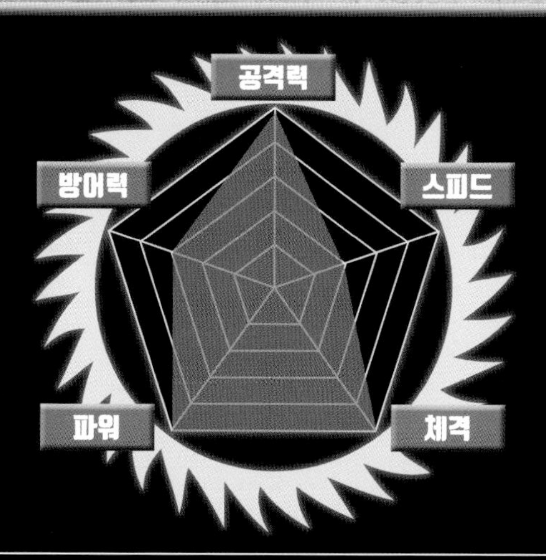

그린아나콘다는 전체 길이가 10m나 되는 거대 뱀이다. 몸무게가 100kg이 넘기 때문에 낮에는 물속에 숨어 지내면서 *부력으로 몸을 가볍게 한다. 지금까지 최대 200kg이 넘는 개체가 발견되었다. 인가나 농지(농사짓는 데 쓰는 땅) 근처에도 서식하므로 주의해야 한다.

분류	보아과
전체 길이	10m
먹이	대형 포유류, 악어
사는 곳	열대 우림의 물가
특징	알이 아닌 새끼를 낳음

분포 지역 남아메리카 북부

강력한 공격 필살기

몸 전체의 강한 근육으로 조르기 공격을 한다!

그린아나콘다는 독은 없지만 온몸의 근육이 매우 강하여 어떤 적이라도 조여서 위협한다. 몸 전체가 근육으로 되어 있고, 뱀 중에서 가장 무거운 최고 중량급(체급이 무거운 편에 드는 급)으로 꼽힌다. 물가에 몸을 숨겼다가 물을 마시러 오는 재규어나 물속을 헤엄치고 있는 악어의 몸을 칭칭 감고 조인 다음 잡아먹는다. 사람이 키우는 소나 돼지 등의 가축도 사냥하며, 사람마저 공격하는 무시무시한 뱀이다.

*부력: 기체나 액체 속에 있는 물체가 압력에 의해 위로 뜨려는 힘.

두꺼비의 독을 이용하는 독사

유혈목이

성격이 온순하지만, 어금니 쪽에 있는 독니에 혈액을 굳게 하는 강한 독을 지녔다. 또한 목 부분의 피부 밑에도 방어용 독을 지니고 있는데, 이 독은 먹이로 잡아먹은 두꺼비의 독을 모은 것이다.

분류	뱀과
전체 길이	70 ~ 150cm
먹이	개구리, 물고기, 도마뱀
사는 곳	물가 근처
특징	어금니 쪽에 짧게 나 있는 독니

분포 지역 한국, 일본, 중국, 대만

살무사보다 더 강력한 뱀

반시뱀

나무 위, 풀밭 등 사람이 사는 곳과 가까운 곳에 서식하므로 조심해야 한다. 야행성이며, 다양한 소형 동물을 잡아먹는다. 독니의 크기가 1.5cm로, 독의 양이 많고 출혈독뿐만 아니라 신경독도 가지고 있어 매우 위험하다.

공격력
스피드
체격
파워
방어력

분류	살무삿과
전체 길이	100~240cm
먹이	작은 새, 소형 포유류, 뱀, 도마뱀, 개구리
사는 곳	숲, 인가 근처
특징	사는 곳에 따라 다른 개체의 형태

분포 지역 일본, 대만

숲에 서식하는 힘센 독사

살무사

공격력
방어력
스피드
파워
체격

강한 독을 지니고 있지만, 독의 양이 많지 않다. 야행성이며, 눈과 코 사이에 적외선을 감지하는 피트 기관을 이용해 어둠 속에서도 먹이의 체온을 감지할 수 있다. 적을 위협할 때는 꼬리를 흔들어 소리를 내거나 총배설강에서 고약한 냄새를 풍긴다.

분류	살무삿과
전체 길이	40 ~ 65cm
먹이	개구리, 도마뱀, 쥐 등
사는 곳	숲과 그 주변의 논밭
특징	위협할 때 풍기는 고약한 냄새

분포 지역 한국, 일본, 중국 북동부

*총배설강: 배설 기관과 생식 기관을 겸하고 있는 구멍.

초강력 파충류 최강왕 결정전
뱀 대표 결정전

뱀 대표
준결승전 진출!

제2시합
60쪽

제1시합
58쪽

킹코브라

검은맘바

그린아나콘다

독사 중에서 가장 길며, 압도적으로 많은 양의 독을 뿜어내는 킹코브라, 뱀 중에서 빠른 속도와 강력한 독을 가진 검은맘바, 몸 전체가 근육인 거대 뱀, 그린아나콘다. 이렇게 3마리의 최강 뱀들이 배틀에 출전한다. 각자의 개성을 무기로 불꽃 튀는 배틀이 시작된다.

이번 시합은 뱀의 제왕 킹코브라와 빠른 스피드를 자랑하는 검은맘바와의 싸움이다. 출전 선수 모두 최고의 전투 능력을 지니고 있는 독사이지만, 서식 장소가 달라 직접 대결할 기회가 없었다. 마침내 그 결과를 볼 수 있는 꿈의 경기가 이루어져 벌써부터 이목이 쏠리고 있다.

독의 반격을 피하려면 목덜미를 노릴 수밖에 없다!

코브라과에 속하는 두 선수가 몸을 들어 올린 자세를 유지한 채 배틀이 시작됐다. 맹독을 가진 뱀들의 싸움, 두 선수 모두 한 번 물리면 반격할 수 없는 목 부위를 노리고 있다.

검은맘바가 선제공격에 나섰다. 검은맘바는 이동 속도뿐만 아니라 공격 속도 또한 빠르다. 검은맘바가 킹코브라의 목덜미를 물기 위해 재빠르고 날카롭게 공격을 시도한다.

치명적인 결정타!

킹코브라가 공격을 맞받아치는 데 성공한다!

그러나 킹코브라가 오랜 세월 독사와 싸우며 쌓은 경험으로 검은맘바의 공격을 아슬아슬하게 피했다. 그리고 큰 몸을 이용해 검은맘바의 목을 물어 반격에 나섰다. 많은 양의 독이 검은맘바를 움직일 수 없게 만들었다.

공격 필살기!!

많은 양의 맹독 주입

킹코브라는 상대에게 많은 양의 독을 주입해 끝장을 봤다. 또한 독사와의 많은 싸움 경험으로 상대의 공격을 피했다.

승자

킹코브라

킹코브라에게 물린 검은맘바가 도망치기 위해서 몸부림쳤지만 한 번에 많은 양의 독이 몸 전체에 퍼지자 움직일 수 없었다. 독사끼리 맞붙은 대결에서는 싸움에 익숙한 킹코브라가 승리의 깃발을 차지했다.

킹코브라 VS 그린아나콘다

검은맘바를 물리치고 최강의 독사 자리에 오른 킹코브라가 두 번째로 맞서 싸울 상대는 밀림의 뱀, 그린아나콘다이다. 대형 육식 동물도 잡아먹는 그린아나콘다는 아마존 최상위 포식자이다. 두 선수의 치열한 싸움에서는 누가 먼저 유리한 자세를 잡는지가 승패의 열쇠가 될 것이다.

배틀 시작!

서로를 노려보다가 단숨에 뒤엉킨다!

배틀이 시작되자마자 두 선수가 서로 뒤엉켰다. 맹독이 있는 킹코브라에게 가까이 다가가는 것은 위험하지만, 그린아나콘다는 육중한 몸으로 킹코브라를 휘감았다.

킹코브라가 독으로 상대를 제압하기 위해서 목덜미를 물려고 시도했지만 실패한다. 반면 그린아나콘다는 계속 움직여 상대를 완벽하게 휘감았다.

치명적인 결정타!

무자비한 조르기 기술은 벗어날 수가 없다!

그린아나콘다의 갈고리 같은 이빨이 킹코브라의 목을 파고들면서 굵은 몸으로 상대를 순식간에 제압한다. 킹코브라가 도망치려고 발버둥을 쳐 보지만 그린아나콘다의 조르기 기술이 시작되자 더 이상 빠져나갈 수 없었다.

공격 필살기!!

탈출할 수 없는 근육 감옥

최대 200kg이 넘는 그린아나콘다의 몸은 대부분이 근육이다. 거대한 몸 전체의 강한 근육으로 조여 오면 탈출은 불가능하다.

승자

그린아나콘다

긴 몸으로 킹코브라를 단단히 조여 상대가 공격할 틈을 주지 않았다. 결국 킹코브라는 꼬리를 제외한 몸 전체를 완전히 꼼짝할 수 없게 되었고 백기를 들 수밖에 없었다.

독특한 매력을 가진 뱀

**아름다운 무늬가 있는 뱀과 맹독을 지닌 뱀,
색다른 생태의 뱀 등 개성이 풍부한 뱀들을 소개한다.**

일본 고유종인

▶ 청대장(Japanese rat snake)

분류: 뱀과 / 전체 길이: 100~200cm / 먹이: 조류(새끼나 알 포함), 소형 포유류

나무를 잘 타고 새 둥지를 덮쳐 먹이를 잡아먹는다. 다양한 곳에 서식하며, 인가에 침입하기도 한다.

새의 알만 잡아먹는

아프리카알뱀(African egg-eating snake)◀

분류: 뱀과 / 전체 길이: 100cm / 먹이: 새의 알

열대 초원에 서식하며, 이빨이 없어서 새의 알을 통째로 삼킨다. 새의 산란기(알을 낳을 시기)에 알을 잡아먹고 그 이외의 계절에는 먹이를 먹지 않고 지낸다.

코끝의 긴 돌기가 멋진

▶ 마다가스카르잎코덩굴뱀(Malagasy leaf-nosed snake)

분류: 뱀과 / 전체 길이: 70~100cm / 먹이: 양서류, 뱀, 도마뱀 등

코끝에 뿔처럼 생긴 돌기가 있는데 수컷과 암컷의 모양이 다르다. 야행성이며, 대부분 나무 위에서 생활한다.

꼬리를 흔들어 소리를 내는

서부다이아몬드방울뱀(Western diamondback rattlesnake)◀

분류: 살무삿과 / 전체 길이: 180~213cm / 먹이: 조류, 뱀, 도마뱀, 소형 포유류

규칙적인 다이아몬드 무늬가 특징이다. 독성이 강하지만, 적에게 공격당하지 않는 한 먼저 습격하지 않는다. 위험을 느끼면 꼬리 끝으로 소리를 내며 위협한다.

적을 만나면 몸을 둥글게 만드는

▶ 볼파이톤(Ball python)

분류: 비단뱀과 / 전체 길이: 90~150cm / 먹이: 소형 포유류

굵은 몸통에 있는 갈색 반점이 특징이다. 쥐나 흰개미가 파 놓은 굴에서 서식한다. 적을 만나면 몸을 공처럼 둥글게 말고 머리를 집어넣는 습성이 있다.

네 개의 검은 줄무늬가 아름다운

줄무늬뱀(Japanese striped snake) ◀

분류: 뱀과 / 전체 길이: 80~150cm / 먹이: 양서류, 조류, 뱀, 소형 포유류

숲이나 농지에 사는 일본 고유종으로, 수영을 잘한다. 생명에 위험을 느끼면 꼬리로 땅을 치며 위협한다. 드물게는 몸 전체가 완전히 검은 개체도 있다.

목 부위를 부풀려 위협하는

▶ 나무독뱀(Boomslang)

분류: 뱀과 / 전체 길이: 200cm / 먹이: 도마뱀, 카멜레온 등

맹독을 지녔으며, 물렸을 때 바로 치료를 하지 않고 방치하면 생명이 위험할 수 있다. 몸 색깔은 초록, 갈색, 검정 등 개체마다 차이가 크다. 상대를 위협할 때는 목 부위를 부풀린다.

몸이 날렵한

검은채찍뱀(Black racer) ◀

분류: 뱀과 / 전체 길이: 80~190cm / 먹이: 도마뱀, 쥐 등

북아메리카에 서식하는 뱀이다. 주로 낮에 활동하며 움직임이 매우 빠르다. 개체가 어릴 때는 몸이 다갈색(조금 검은 빛을 띤 갈색)을 띠다가 완전히 성장하면 검게 변한다.

독특한 광택이 아름다운

▶ 무지개보아(Brazilian rainbow boa)

분류: 보아과 / 전체 길이: 150~200cm / 먹이: 조류, 포유류

열대 우림에 서식한다. 강한 힘으로 먹잇감을 휘감아 잡는다. 비늘이 빛을 반사하면서 아름다운 무지갯빛 광택을 띤다.

산호초에 사는 멸종 위기종인

넓은띠큰바다뱀(Black banded sea krait) ◀

분류: 코브라과 / 전체 길이: 70~150cm / 먹이: 바다뱀, 붕장어, 어류

서태평양 대부분의 온대(열대와 한대 사이의 지역) 바다에서 서식하는 멸종 위기종이다. 바닷물에 몸을 숨겼다가 먹잇감을 사냥하며 살아간다. 강한 신경독을 지녔으며, 물리면 생명이 위험할 수 있다.

뱀에게 물리면 어떻게 해야 할까?

우리나라에도 살무사나 바다뱀 등 위험한 독사가 존재한다.
뱀에 물렸을 때 어떻게 해야 할지 알아보자.

▶ 어떤 뱀에게 물렸는지 확인한다!

뱀의 독은 종류마다 치료 방법이 다르다. 나중에 뱀의 종류를 찾기 어려울 수 있으므로 뱀에 물린 즉시 어떤 뱀인지 확인하는 게 좋다. 뱀의 사진을 촬영해 두거나, 눈에 띄는 특징을 기록해 두는 방법이 있다.

▶ 상처를 심장보다 낮게 유지한다!

물린 부위가 손, 발과 같이 비교적 움직이기 쉬운 부위라면 심장보다 낮게 유지해야 한다. 심장보다 높은 위치에 있으면 중력의 영향으로 혈류가 빨라지기 때문이다. 독사에게 물렸을 경우에는 독이 몸에 퍼지는 속도가 더 빨라서 위험하다.

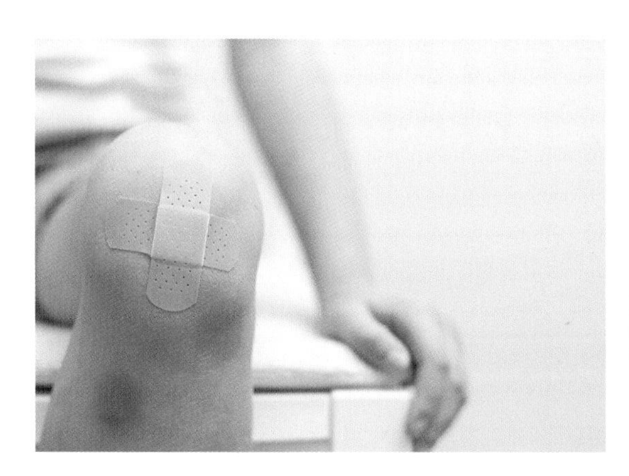

▶ 침착하게 행동하고 병원을 간다!

초조하면 혈액 순환이 촉진되어 독이 빠르게 퍼지므로 차분하게 행동해야 한다. 촬영한 사진이나 기록해 놓은 뱀의 특징을 봤을 때 독사일 가능성이 있거나 스스로 판단할 수 없을 때는 가능한 빨리 병원을 가야 한다.

초강력 파충류왕 대도감

도마뱀아목

자연계에서 가장 번성한 파충류

다양한 개성을 가지고 독특하게 진화해 온 도마뱀.
꼬리를 자르고 도망치거나 다양한 공격 무기를 가지고 있다.

맹독을 주입하는 독도마뱀

아메리카독도마뱀

배틀 출전!

배틀 상대

토케이도마뱀붙이

아메리카독도마뱀은 미국 남서부와 멕시코 북서부에 단 2종만 분포하는 독도마뱀이다. 움직임이 느리고 대부분의 시간을 땅속 굴이나 바위터에서 보낸다. 건기(봄과 초여름) 아침에는 활동이 활발해져 나무에 오르기도 한다. 작은 구슬처럼 보이는 비늘은 뼈(골피)이며, 짧고 굵은 꼬리에 영양을 축적한다.

분류	독도마뱀과
전체 길이	40 ~ 50cm
먹이	새 둥지 속 알과 새끼
사는 곳	사막, 황무지, 숲 등
특징	작은 구슬 같은 비늘

분포 지역 미국 남서부, 멕시코 북서부

강력한 공격 필살기

독을 가진 큰 턱이 공포의 무기이다!

아메리카독도마뱀은 아래턱에 독샘이 있어 먹이를 물면 독이 이빨을 타고 먹잇감의 몸속으로 퍼져 나간다. 건강한 어른의 경우 물려도 생명에는 지장이 없지만, 심한 통증을 느끼거나 환부가 부어오르고 구역질, 어지러움, 내장 출혈, 안구 부종, 저체온증 등의 증상을 일으킨다. 드물게는 혈액을 제대로 공급하지 못해 발생하는 심장 부전이나 *아나필락시스 쇼크 증상이 나타나므로 주의해야 한다.

*아나필락시스 쇼크: 특정 물질에 대해 몸에서 과민 반응을 일으키는 것.

공룡처럼 험악한 얼굴을 한 도마뱀

초록이구아나

볼에 혹처럼 부풀어 오른 대형 비늘이 있으며, 머리 뒤쪽에는 갈기 모양의 비늘이 발달했다. 위험을 느끼면 물로 뛰어들어가 헤엄쳐서 도망간다. 수컷은 번식기가 되면 난폭해지는데, 사람이 접근하면 이빨과 발톱으로 상처를 입히기도 한다. '그린이구아나', '녹색이구아나'라고도 부른다.

분류	이구아나과
전체 길이	100 ~ 180cm
먹이	식물
사는 곳	물가, 숲속의 나무 위
특징	머리 뒤쪽에서 등까지 발달한 갈기 형태의 비늘

분포 지역 중앙아메리카, 남아메리카 중부

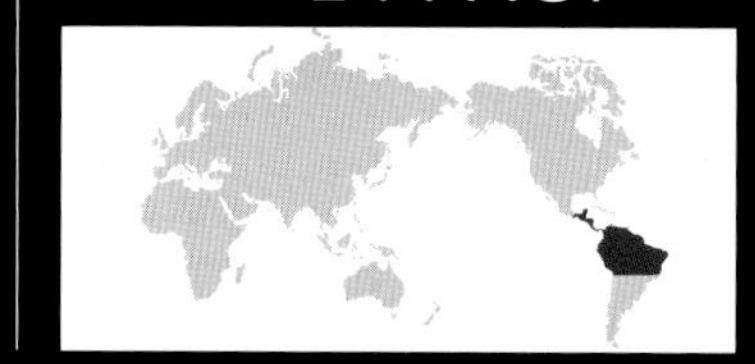

사막 지대에서도 생존하는 도마뱀

가시도마뱀

오스트레일리아 고유종으로 온순한 도마뱀이다. 몸에 원뿔 모양의 가시가 있어 '도깨비도마뱀'이라고도 한다. 몸에 맺힌 작은 빗물이나 이슬, 물웅덩이의 수분을 몸 표면의 미세한 홈(오목하고 길게 팬 줄)으로 받아 입까지 운반해서 마신다. 몸이 사막 생활에 최적화되어 있으며, 개미를 한 번에 1,000마리씩 먹기도 한다.

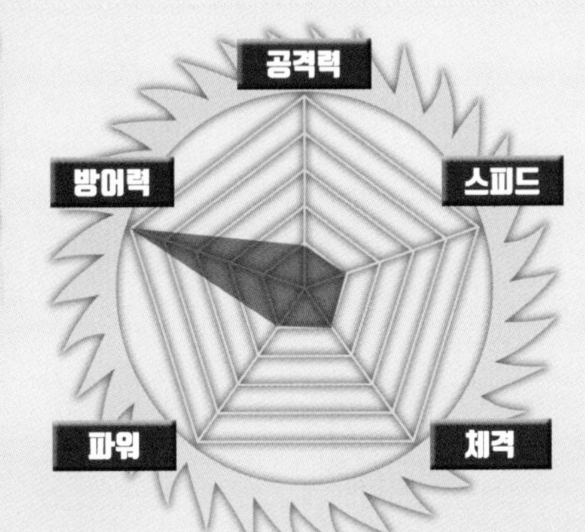

분류	아가마과
전체 길이	15 ~ 18cm
먹이	개미
사는 곳	사막
특징	가시투성이인 몸

분포 지역 오스트레일리아 서부 · 중부

오톨도톨한 비늘이 특징인 도마뱀

솔방울도마뱀

다리와 꼬리가 짧고 몸이 솔방울 모양의 비늘로 덮여 있다. 공격을 받으면 입을 크게 벌리고 푸른 혀를 내밀어 상대를 위협한다. 독은 없지만 달팽이 껍데기를 으깰 정도로 턱의 힘이 강해서 물리면 아프다.

분류	도마뱀과
전체 길이	30 ~ 50cm
먹이	곤충, 달팽이, 꽃, 과일
사는 곳	사막의 초원 등
특징	알이 아닌 새끼를 낳음

분포 지역 오스트레일리아 남부

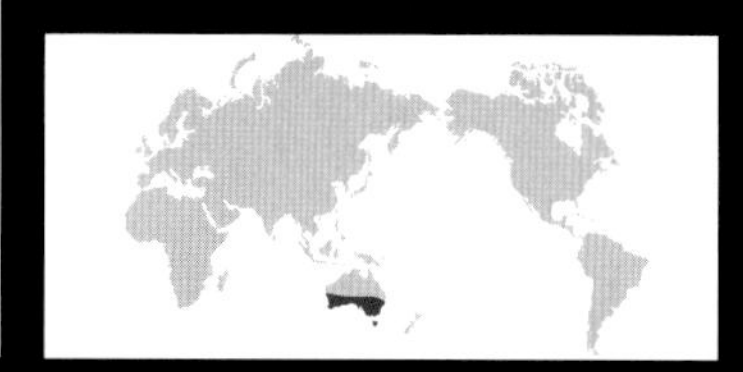

특이한 피부를 가진 도마뱀

목도리도마뱀

적을 위협하거나 암컷에게 구애할 때 목에 있는 목도리 같은 주름 장식을 크게 펼친다. 평소에는 나무 위에서 생활하며, 사냥을 할 때 땅으로 내려간다. 위험을 감지하면 뒷다리로 딛고 일어나 꼬리로 균형을 잡으면서 두 발로 달려 도망간다.

분류	아가마과
전체 길이	60 ~ 90cm
먹이	곤충, 도마뱀
사는 곳	숲
특징	목 주변의 주름 장식

분포 지역 오스트레일리아 북부, 뉴기니섬 남부

점프 공격이 특기인 싸움꾼

토케이도마뱀붙이

배틀 출전!

배틀 상대

아메리카독도마뱀

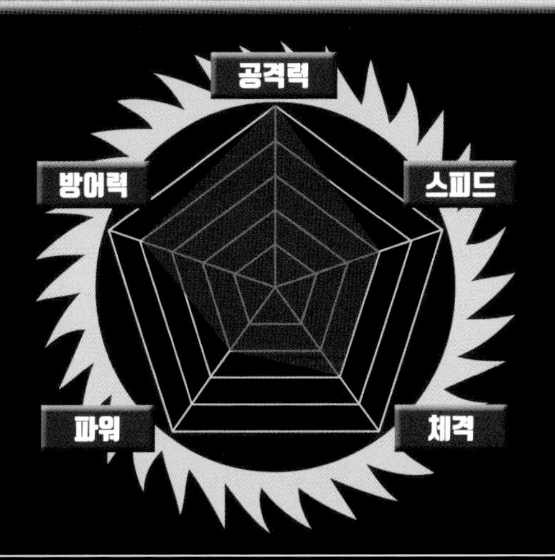

주로 숲에 서식하지만 농경지나 인가 근처에서도 흔히 볼 수 있다. 발바닥에 눈에 보이지 않을 정도로 가는 잔털이 있는데, 가는 잔털로 인한 접착력으로 나무나 벽을 타고 위로 올라갈 수 있다. '토케 게에' 하고 우는 독특한 발성 때문에 '토케이도마뱀붙이'라는 이름이 붙었다.

분류	도마뱀붙잇과
전체 길이	35cm
먹이	곤충, 소형 뱀, 도마뱀, 소형 포유류
사는 곳	숲
특징	발바닥의 접착력

분포 지역 동남아시아

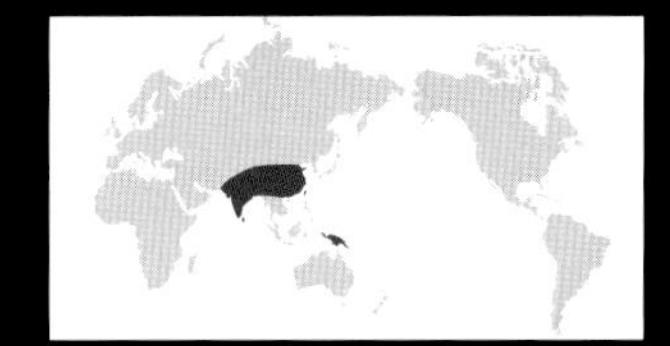

강력한 공격 필살기

날카로운 이빨과 강한 점프력으로 공격한다!

토케이도마뱀붙이는 곤충과 거미 등 소형 생물을 잡아먹는다. 성격이 사납고 턱 힘이 매우 강하다. 날카로운 이빨에 사람이 물리는 사고가 발생하기도 한다. 몸통과 다리, 꼬리 옆쪽에 주름이 있으며, 몸의 표면적을 늘려 공기의 저항을 받아 크게 점프하는 것이 특기이다. 인가에 침입하는 경우가 있으므로 물리지 않도록 주의해야 한다.

하늘을 나는 도마뱀붙이

날도마뱀붙이

땅으로 내려오지 않고 거의 나무 위에서 생활한다. 몸통과 발가락 사이의 주름을 펼쳐 공기의 저항을 이용해 공중을 날며, 나무에서 나무로 옮겨 다닐 수 있다. 다만, 날아서 이동하는 거리가 60cm 전후로 비교적 짧다. 적에게 공격을 받으면 꼬리를 둥글게 말고 진동을 일으켜 주목을 끌거나 스스로 꼬리를 끊기도 한다.

분류	도마뱀붙잇과
전체 길이	18 ~ 20cm
먹이	곤충 등
사는 곳	나무 위
특징	공중을 날 수 있음

분포 지역 말레이반도, 수마트라섬, 자바섬, 보르네오섬

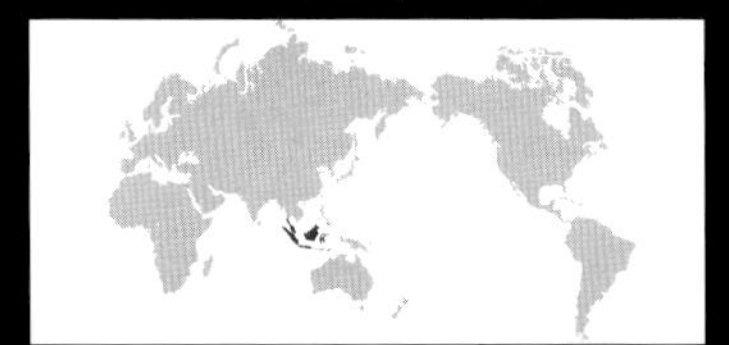

뉴기니섬에서 가장 큰 왕도마뱀

악어왕도마뱀

공격력
스피드
체격
파워
방어력

뉴기니섬의 고유종으로 꼬리가 몸길이의 2배가 넘을 정도로 매우 길다. 나무에 오를 때는 긴 꼬리로 줄기를 감아 몸을 지탱한다. 또한 땅으로 내려가거나 강을 헤엄치기도 한다. 이빨이 길고 날카로우며, 발톱도 매우 강하다.

분류	왕도마뱀과
전체 길이	450cm
먹이	포유류, 조류, 뱀, 도마뱀
사는 곳	열대 우림
특징	몸길이의 2배가 넘는 긴 꼬리

분포 지역 뉴기니섬

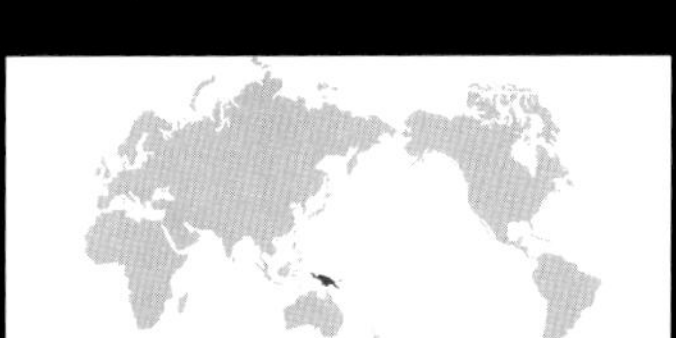

공룡을 닮은 거대한 포식자

코모도왕도마뱀

배틀 상대

아메리카독도마뱀 또는 토케이도마뱀붙이

코모도왕도마뱀은 도마뱀 중에서 가장 크다. 돼지, 사슴 등 대형 포유류를 잡아먹으며, 사람을 공격하기도 한다. 번식기에는 암컷을 두고 수컷끼리 앞발을 들고 뒷발로 서서 힘겨루기를 한다. 사냥꾼들의 포획, 삼림 벌목으로 인한 숲의 파괴 등으로 개체 수가 급격히 줄어, 서식지를 국립공원으로 만들어 보호하고 있다.

분류	왕도마뱀과
전체 길이	250 ~ 310cm
먹이	포유류, 파충류, 조류
사는 곳	해안, 언덕땅 초원, 숲 등
특징	100kg 이상의 몸무게

분포 지역 인도네시아의 코모도섬 등

강력한 공격 필살기

거대한 몸, 날카로운 발톱, 강력한 독 등 온몸이 무기이다!

잇몸에 독샘이 있어 톱날 모양의 이빨로 먹잇감을 물어 상처를 낸 다음 독을 주입한다. 독이 혈액 응고를 방해하기 때문에 먹잇감이 출혈로 인한 쇼크 상태에 빠질 수 있다. 또한 상처를 입은 먹잇감이 도망치는 경우 끝까지 쫓아가 공격한다. 적의 위협을 받으면 날카로운 발톱이 달린 다부진 발로 상대의 가죽을 찢거나 긴 꼬리를 채찍처럼 휘둘러 쫓아낸다.

눈에서 피를 내뿜는 뿔도마뱀

사막뿔도마뱀

몸이 둥글고 납작하며 머리 뒤쪽에 뿔이 나 있다. 위험을 느끼면 몸을 납작하게 만들어 땅바닥에 바짝 엎드리거나 덤불과 풀 속으로 숨는다. 목숨이 위험한 순간에는 눈에서 적이 싫어하는 성분의 피눈물을 내뿜어 쫓아내거나 입을 크게 벌려 물기도 한다.

분류	이구아나과
전체 길이	7 ~ 14cm
먹이	개미 등
사는 곳	사막, 바위터
특징	눈에서 내뿜는 피눈물
분포 지역	북아메리카 남서부

가시를 활용한 방어 자세가 필살기

아르마딜로도마뱀

남아프리카의 고유종으로 온몸이 가시 모양의 뾰족한 비늘로 덮여 있다. 적에게 쫓기면 바위틈에 숨고, 도망갈 곳이 없을 때는 자기 꼬리를 물고 포유류인 아르마딜로처럼 몸을 둥글게 만든다. 배 부분이 약하기 때문에 몸을 둥글게 만들어 뾰족한 가시로 방어를 하는 것이다.

분류	갑옷도마뱀과
전체 길이	16~21cm
먹이	곤충, 거미 등
사는 곳	건조한 지역의 바위터나 관목지대
특징	온몸을 덮고 있는 가시 모양의 비늘

분포 지역 남아프리카 공화국, 남부 나미비아

몸 색깔이 화려한 멋쟁이

팬서카멜레온

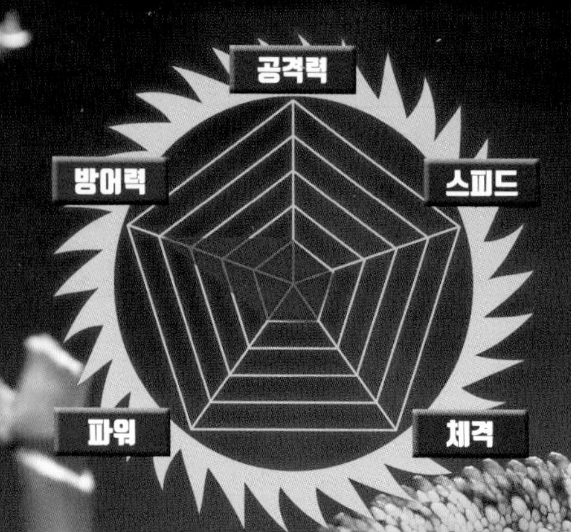

머리에는 폭이 넓고 길이가 짧은 볏이 있다. 몸에 표범(Panther) 무늬가 있어서 '팬서카멜레온'이라는 이름이 붙었다. 수컷의 몸은 지역에 따라 청록, 빨강, 연두, 회색 등의 색을 띠는데 몸을 보호하고 사냥을 하기 위해서 더 다양한 색으로도 바꾼다. 원시림보다는 개발된 숲에 서식한다.

분류	카멜레온과
전체 길이	30 ~ 53cm
먹이	곤충
사는 곳	저지대 숲
특징	지역마다 다른 수컷의 몸 색깔
분포 지역	마다가스카르섬 북부, 북동부

*원시림: 사람의 손이 닿지 않은 자연 그대로의 삼림.

초강력 파충류 최강왕 결정전
도마뱀 대표 결정전

도마뱀 대표
준결승전 진출!

제2시합
84쪽

제1시합
82쪽

아메리카독도마뱀

토케이도마뱀붙이

코모도왕도마뱀

파충류 중에서 종류가 가장 많은 도마뱀의 대표를 뽑는 결정전에 개성이 강한 선수들이 총출동했다. 첫 번째 시합은 아래턱에 독샘을 가진 아메리카독도마뱀과 무는 힘이 강한 토케이도마뱀붙이의 대결이다. 첫 시합의 승자에게는 온몸이 무기인 거대한 포식자, 코모도왕도마뱀과의 싸움이 기다리고 있다.

나무 위를 자유자재로 누비고 다니는 토케이도마뱀붙이와 에너지 넘치는 아메리카독도마뱀은 모두 무는 힘이 강하다. 토케이도마뱀붙이는 어디든 달라붙는 마법의 발을 가졌고 아메리카독도마뱀은 먹잇감을 움직일 수 없게 만드는 독 무기가 있다. 어느 쪽이 이겨도 이상하지 않은 도마뱀 세계의 강자들이 맞붙는다.

배틀 시작!

선제공격한 토케이도마뱀붙이의 버티기 한판이 시작된다!

아메리카독도마뱀이 상대에게 강력한 독을 주입하기 위해 물기 공격을 시도한다. 하지만 토케이도마뱀붙이가 재빠르게 아메리카독도마뱀의 등 뒤로 돌아가 공격을 피했다.

토케이도마뱀붙이에게 등을 물린 아메리카독도마뱀이 빠져나가기 위해 몸을 비틀었지만 토케이도마뱀붙이가 상대를 놓아주지 않으려고 필사적으로 저항한다.

치명적인 결정타!

아메리카독도마뱀이 필살기를 퍼붓는다!

장시간의 팽팽한 대치 끝에 아메리카독도마뱀을 물고 있던 토케이도마뱀붙이의 턱의 힘이 조금 느슨해졌다. 그 틈을 놓치지 않고 몸을 빼낸 아메리카독도마뱀이 토케이도마뱀붙이를 단단히 물고 강렬한 백드롭을 시도한다.

*백드롭: 상대의 허리를 뒤에서 잡아 자기 몸을 뒤쪽으로 젖혀서 메치는 기술.

승자

아메리카독도마뱀

아메리카독도마뱀의 맹독이 몸 전체에 퍼지자 더 이상 싸울 수 없는 상태가 된 토케이도마뱀붙이가 결국 패배하고 말았다.

공격 필살기!!

상대를 메어꽂고 독 주입하기

아메리카독도마뱀은 프로 레슬러처럼 상대를 땅에 메어꽂은 후, 독 주입을 시작했다.

아메리카독도마뱀 VS 코모도왕도마뱀

이번 시합에는 도마뱀 세계의 제왕, 코모도왕도마뱀이 등장한다. 코모도왕도마뱀은 온몸이 무기여서 큰 물소도 쓰러뜨릴 수 있다. 반면 아메리카독도마뱀은 첫 시합에서 승리했다는 자신감이 하늘을 찌르고 있다. 힐라강(미국 남서부에 있는 강)의 괴물로 불리는 아메리카독도마뱀과 코모도섬 공포의 드래곤인 코모도왕도마뱀, 두 괴수의 숨막히는 대결이 시작된다.

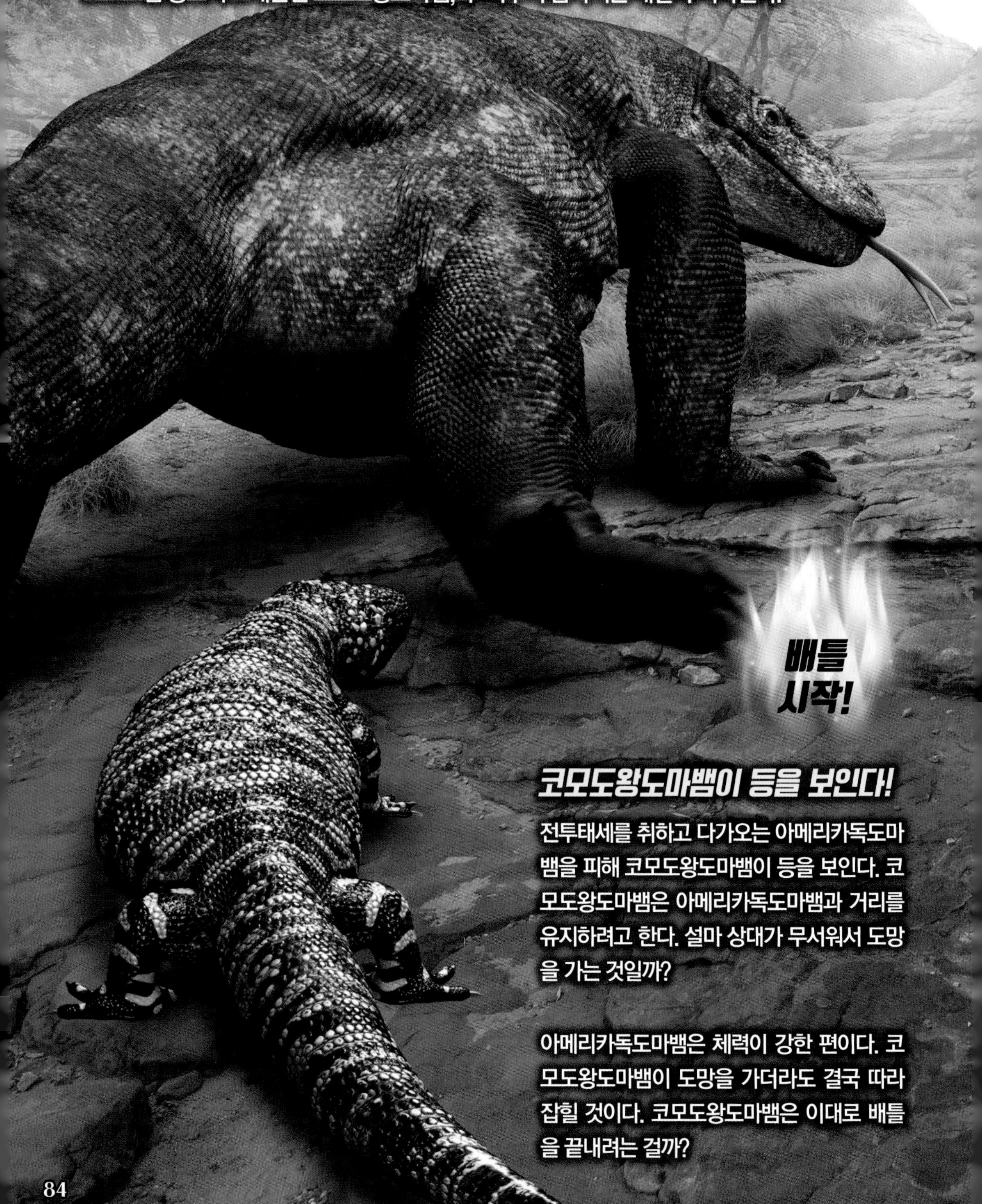

배틀 시작!

코모도왕도마뱀이 등을 보인다!

전투태세를 취하고 다가오는 아메리카독도마뱀을 피해 코모도왕도마뱀이 등을 보인다. 코모도왕도마뱀은 아메리카독도마뱀과 거리를 유지하려고 한다. 설마 상대가 무서워서 도망을 가는 것일까?

아메리카독도마뱀은 체력이 강한 편이다. 코모도왕도마뱀이 도망을 가더라도 결국 따라잡힐 것이다. 코모도왕도마뱀은 이대로 배틀을 끝내려는 걸까?

육중한 꼬리로 적을 정확하게 명중한다!

코모도왕도마뱀의 도망치는 모습은 사실 꼬리 공격을 위한 준비 자세였다. 꼬리로 머리를 공격당한 아메리카독도마뱀은 뇌가 흔들리는 충격에 제대로 걸을 수조차 없었다.

치명적인 결정타!

공격 필살기!!

채찍처럼 내리치는 꼬리 공격

코모도왕도마뱀은 굵고 단단한 꼬리를 채찍처럼 내리치며 공격한다. 방심하고 있던 아메리카독도마뱀은 치명적인 타격을 받고 말았다.

코모도왕도마뱀

아메리카독도마뱀의 물기 공격을 경계한 코모도왕도마뱀이 강력한 꼬리 공격을 시도했다. 한 번의 꼬리 공격으로 아메리카독도마뱀을 쓰러뜨린 코모도왕도마뱀이 승리를 차지했다.

전 세계의 개성 넘치는 도마뱀

물 위를 달리거나 바닷속에 잠수하는 등
다양한 능력을 가진 독특한 도마뱀들에 대해 알아보자.

푸른 혀를 가진
▶인도네시아푸른혀도마뱀(Indonesian blue-tongued skink)

분류: 도마뱀과 / 전체 길이: 30~60cm / 먹이: 곤충, 과일, 소형 포유류

건조한 초원과 숲속에 서식하며 주로 낮에 활동한다. 이름에서 알 수 있듯이 푸른색 긴 혀가 특징이며, 이 혀를 내밀어 적을 위협한다. 꼬리는 가늘고 길쭉하다.

반짝반짝 빛나는 몸을 가진
다섯줄도마뱀(Japanese five-lined skink)◀

분류: 도마뱀과 / 전체 길이: 20~25cm / 먹이: 곤충, 지렁이, 거미

일본 전역에 서식하는 일본 고유종이다. 어린 개체는 검은 몸에 노란 줄이 있고 꼬리가 선명한 푸른색을 띠지만 완전히 성장하면 몸 전체가 갈색이 된다. 위험을 느끼면 꼬리를 자르고 도망간다.

뱀의 모습을 닮은
▶유럽유리도마뱀(European glass lizard)

분류: 유리도마뱀과 / 전체 길이: 120cm / 먹이: 소형 생물

유럽에서 북아프리카에 걸쳐 분포한다. 다리가 없으며 긴 꼬리를 자유자재로 사용해 천천히 움직인다. 특이하게 알을 체내에서 부화시켜 새끼를 낳는다.

물 위를 달리는
그린바실리스크(Green basilisk lizard)◀

분류: 이구아나과 / 전체 길이: 60~70cm / 먹이: 곤충, 소형 포유류, 조류, 과일 등

머리부터 등에 걸쳐 돛 모양의 볏이 있다. 뒷발가락이 매우 길며, 도망치거나 사냥할 때는 뒷다리로 빠르게 물 위를 달린다.

가시 돋친 다부진 몸을 가진

▶ 중부턱수염도마뱀(Central bearded dragon)

분류: 아가마과 / 전체 길이: 45 ~ 55cm / 먹이: 곤충, 소형 파충류, 식물

굵고 다부진 몸에 규칙적으로 나 있는 가시가 특징이다. 위험을 느끼면 몸을 크게 보이려고 목을 부풀리며 위협한다.

바닷속에 잠수할 수 있는

바다이구아나(Marine iguanas)◀

분류: 이구아나과 / 전체 길이: 120~150cm / 먹이: 해조류

갈라파고스섬 해안에 서식하는 멸종 위기종이다. 납작한 꼬리를 좌우로 흔들며 헤엄치고, 바위에 매달려 해조류를 먹는다. 바닷속에 잠수할 수 있으며, 체온이 떨어지면 바위 위에서 일광욕을 한다.

일본에 서식하는 도마뱀인

▶ 일본줄장지뱀(Japanese grass lizard)

분류: 장지뱀과 / 전체 길이: 17~25cm / 먹이: 곤충, 거미 등

일본 전 지역에 널리 서식하며, 집이나 학교 운동장에서도 볼 수 있다. 다섯줄도마뱀과 비슷하게 생겼으며, 성체는 꼬리가 몸의 약 3분의 2를 차지한다.

사막을 달릴 수 있게 진화한

구멍파기아가마(Secret toad head agama)◀

분류: 아가마과 / 전체 길이: 15~24cm / 먹이: 곤충

서아시아에서 중앙아시아의 건조 지대에 분포한다. 사막의 모래 위를 빠르게 달릴 수 있도록 발의 비늘이 단단하게 진화했다. 적을 만나면 입 주변의 주름을 펼쳐 위협한다.

세 개의 뿔이 무기인

▶ 잭슨카멜레온(Jackson's chameleon)

분류: 카멜레온과 / 전체 길이: 18~35cm / 먹이: 곤충 등

아프리카 동부에 분포한다. 수컷은 세 개의 멋진 뿔로 영역 싸움을 한다. 암컷은 뿔이 없거나 작은 돌기가 있다.

꼬리가 나뭇잎을 닮은

사탄잎꼬리도마뱀붙이(Satanic leaf-tailed gecko)◀

분류: 도마뱀붙잇과 / 전체 길이: 10cm / 먹이: 곤충 등

나뭇잎을 닮은 납작한 꼬리로 숲속에서 마른 잎 행세를 하며 숨어 지낸다. 마다가스카르섬의 동부에만 서식하는 고유종이다.

뱀과 도마뱀의 차이점은 무엇일까?

비늘 옷을 입은 뱀과 도마뱀의 구분 방법을 알아보자.

▶ 다리의 유무로는 알 수 없다!

무족도마뱀처럼 다리가 퇴화한 도마뱀도 있기 때문에 단순히 다리의 유무만으로 뱀과 도마뱀을 구분할 수는 없다. 또한 일부 뱀에서는 다리가 있었던 흔적인 며느리발톱을 찾아볼 수 있다.

▶ 눈꺼풀의 유무로 알 수 있다!

도마뱀의 눈에는 대부분 눈꺼풀이 있다. 반면 눈꺼풀이 없는 뱀은 투명한 비늘로 눈을 보호하고 눈을 깜빡이지 않고 뜬 채로 잠을 잔다. 한편 도마뱀붙이 등 일부 도마뱀 중에도 뱀처럼 눈꺼풀이 없는 종이 있다.

▶ 귓구멍의 유무로 알 수 있다!

도마뱀은 대부분 귓구멍과 고막이 있지만 뱀은 귓구멍이 없다. 하지만 뱀이 전혀 소리를 듣지 못하는 것은 아니다. 뱀은 땅의 울림에 민감해서 그 진동을 통해 소리를 감지한다.

초강력 파충류왕 대도감

거북목

딱딱한 등딱지를 가진 파충류

딱딱한 등딱지를 가진 거북 중에는 재빠르고 강한 종도 있다.
개성 넘치는 거북을 소개한다.

강한 턱으로 무엇이든 먹어 치우는 포식자

악어거북

배틀 상대

인도좁은머리자라

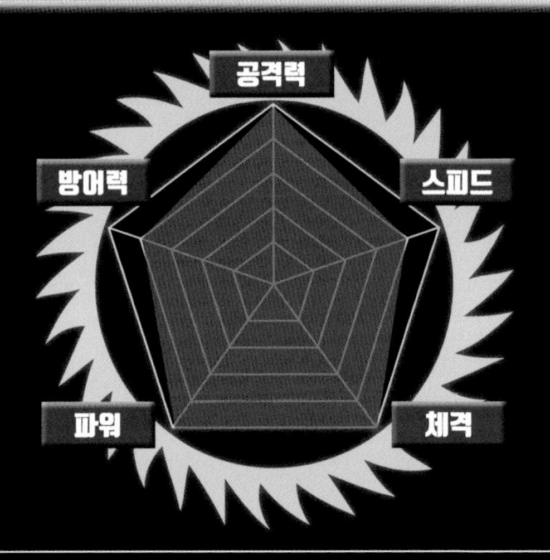

악어거북은 민물에 서식하는 거북 중 가장 큰 종이다. 등딱지에 세 줄의 돌기가 있으며, 머리가 커서 등딱지에 들어가지 못한다. 지렁이처럼 생긴 혀끝을 미끼로 사용해 먹잇감을 유인해서 잡아먹는다. 50분 가까이 물속에 잠수할 수 있는 능력이 있다.

분류	늑대거북과
등딱지 길이	40~80cm
먹이	물고기 등의 소형 동물
사는 곳	강
특징	등딱지에 있는 세 줄의 돌기

분포 지역 북아메리카 남동부

강력한 공격 필살기

강한 턱에 물리면 빠져나올 수 없다!

성격이 사납고 먹잇감에 달려드는 속도가 매우 빠르다. 약 500kg의 무게를 견딜 만큼 턱의 힘이 강하다. 악어처럼 무는 힘 또한 매우 강력한데, 사람의 손가락 정도는 쉽게 끊어버릴 수 있을 정도이다. 먼저 위협하지 않으면 물릴 일은 없지만, 악어거북이 주로 물속에 있기 때문에 모르고 밟지 않도록 주의해야 한다.

먹잇감을 향해 빠르게 움직이는 사냥꾼

늑대거북

성격이 공격적이며, 물밑을 이리저리 돌아다니다가 먹잇감을 발견하면 재빠르게 다가가 문다. 사람의 손가락을 물어뜯을 정도로 턱 힘이 세다. 물속에서 생활하며 야행성이기 때문에 발견하기가 어렵다. 낮은 온도에서도 적응하기 때문에 반려동물로 기르다가 연못 등에 놓아준 개체가 번식하여 문제가 되고 있다.

분류	늑대거북과
등딱지 길이	50cm
먹이	생물, 식물
사는 곳	내륙의 늪지대, 해안가
특징	등딱지 뒷가장자리의 톱니 모양

분포 지역 캐나다 남동부, 아메리카 중부

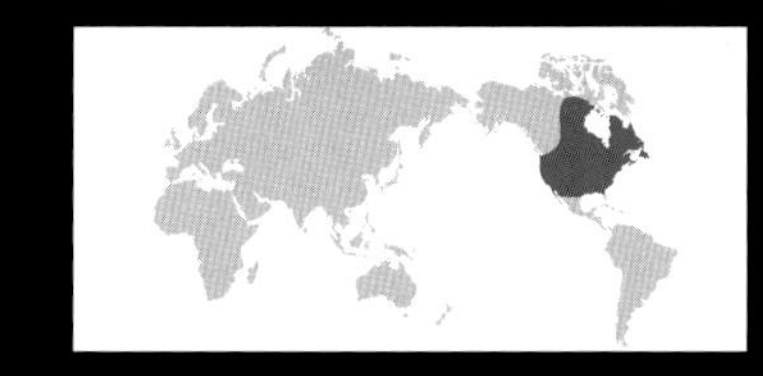

큰 입으로 먹잇감을 삼키는 블랙홀

마타마타거북

머리 부분이 평평하고 넓적하며 마른 나무 또는 마른 잎처럼 생겼다. 입이 크고 목 근육이 발달했으며, 거의 물속에서 생활하면서 긴 관 모양의 코끝을 물 밖으로 내밀어 호흡한다. 물밑에서 움직이지 않고 가만히 있다가 다가오는 먹잇감을 사냥한다.

분류	뱀목거북과
등딱지 길이	40 ~ 48cm
먹이	물고기, 새우, 게
사는 곳	물살이 잔잔한 강, 연못, 늪
특징	마른 나무 또는 마른 잎을 닮은 외모
분포 지역	남아메리카 북부

한번 물면 절대 놓지 않는 승부사

인도좁은머리자라

배틀 출전!

배틀 상대
악어거북

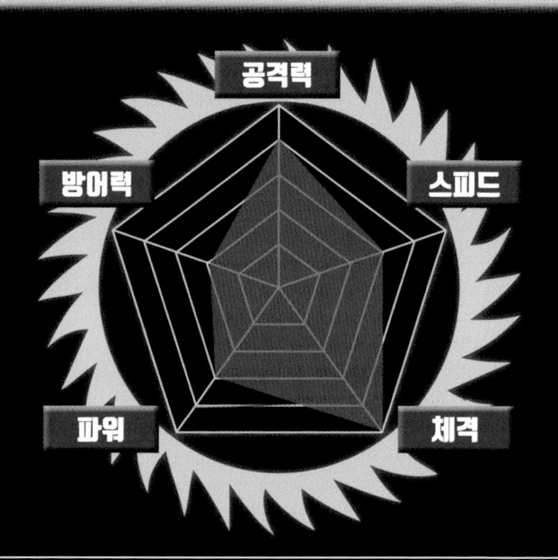

인도좁은머리자라는 몸집이 큰 겁쟁이로, 궁지에 몰리면 몸을 보호하기 위해서 날카로운 이빨을 드러내며 달려든다. 등딱지로 이어지는 머리는 크기가 작고, 머리의 끝에 눈이 있다. 주로 물속에서 활동하며 산란기에만 육지에 올라온다. 식용 목적의 포획과 환경오염의 영향으로 서식지에서 개체 수가 감소하고 있다.

분류	자라과
등딱지 길이	120cm
먹이	생선, 조개, 게
사는 곳	깨끗한 하천의 모랫바닥
특징	머리와 등딱지에 있는 큰 무늬

분포 지역 인도 주변

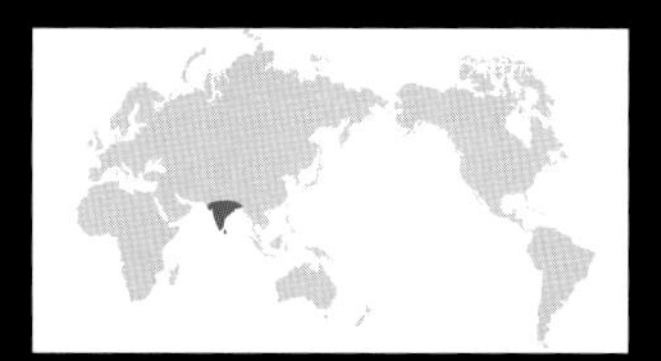

강력한 공격 필살기

자라 중에 가장 큰 종으로 초강력 물기 공격을 한다!

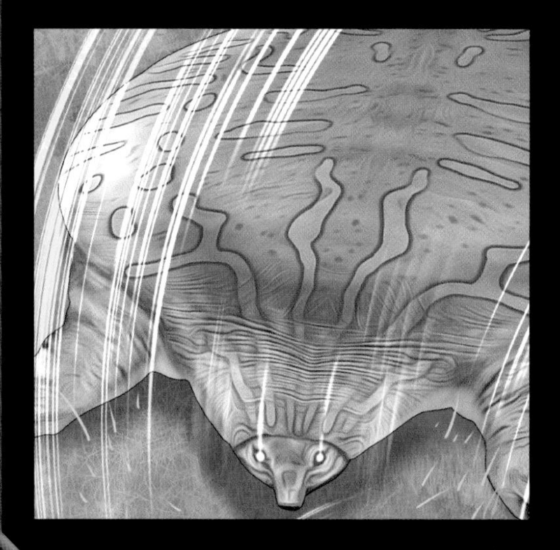

자라류는 등딱지가 부드러워서 방어력이 낮은 편이지만 자신의 몸을 지키기 위해서 물기 공격을 한다. 대형 종인 인도좁은머리자라는 턱 힘이 세고 이빨도 날카로워 물릴 경우 크게 다칠 수 있다. 상대를 한번 물면 절대 놓지 않지만, 자극하지 않고 물에 넣어 주면 입을 벌리고 도망가는 경우가 있다.

재빠르고 날쌘 수영 선수

자라

몸이 물속 생활에 적응하면서 물갈퀴가 발달했고 수영을 잘한다. 긴 코끝을 물 위로 내놓고 호흡하는데, 물속의 산소를 피부로 흡수하기 때문에 잠수를 오래 할 수 있다. 입은 작지만 턱의 힘이 강력하여 한번 물면 좀처럼 놓지 않는다.

분류	자라과
등딱지 길이	15~35cm
먹이	물고기, 소형 생물
사는 곳	하천, 호수, 늪
특징	물갈퀴가 발달함

분포 지역 동아시아, 동남아시아 일부

물속 생활에 적응한 사나운 흙탕거북

좁은다리사향거북

머리가 크고 공격적인 성격으로, 공격할 때 무섭게 달려든다. 물속을 활발하게 헤엄쳐 다니며 먹잇감을 발견하면 재빠르게 목을 빼 잡아먹는다. 턱 끝이 열쇠 모양이며 위턱에 있는 송곳니 형태의 돌기에 먹잇감을 걸어 놓고 빠져나가지 못하게 한다.

분류	흙탕거북과
등딱지 길이	15 ~ 18cm
먹이	새우, 게, 물고기, 개구리
사는 곳	평지의 습지, 연못, 늪
특징	위턱에 있는 송곳니 형태의 돌기
분포 지역	중앙아메리카

따뜻한 바다를 돌아다니며 사는 대형종

붉은바다거북

등딱지가 적갈색 또는 다갈색인 바다거북이다. 머리가 크며, 등딱지에 머리를 넣지 못한다. 날카로운 주둥이는 사람의 손가락을 물어뜯을 만큼 강하다. 매년 산란을 위해 연안을 찾아 모래사장에 구덩이를 파고 한 번에 160여 개의 알을 낳는다. 산란지의 환경 파괴, 해양오염 등의 문제로 개체 수가 감소하고 있다.

분류	바다거북과
등딱지 길이	74 ~ 100cm
먹이	조개, 새우, 게, 해파리
사는 곳	연안에서 먼바다
특징	머리를 등딱지에 넣지 못함

분포 지역 전 세계 열대, 아열대 및 온대 바다

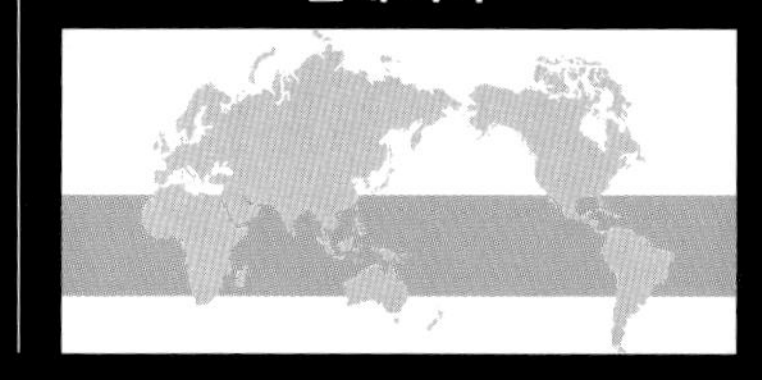

세계에서 가장 큰 거북

장수거북

육지와 바다를 포함해 세계에서 가장 큰 거북이다. 수영을 하면서 체온을 유지할 수 있기 때문에 차가운 바다까지 헤엄쳐 다닐 수 있다. 등딱지는 퇴화했지만, 가죽 같은 피부로 등이 덮여 있고 피부 밑은 알갱이 형태의 수많은 뼈로 채워져 있다. 장수거북은 수심 1,000m 이상 깊은 바다까지 잠수할 수 있다.

분류	장수거북과
등딱지 길이	180~220cm
먹이	해파리류
사는 곳	열대에서 온대까지의 해양
특징	퇴화한 등딱지

분포 지역 태평양, 대서양, 인도양

코끼리처럼 튼튼한 몸집

갈라파고스땅거북

배틀 출전!

배틀 상대
악어거북 또는 인도좁은머리자라

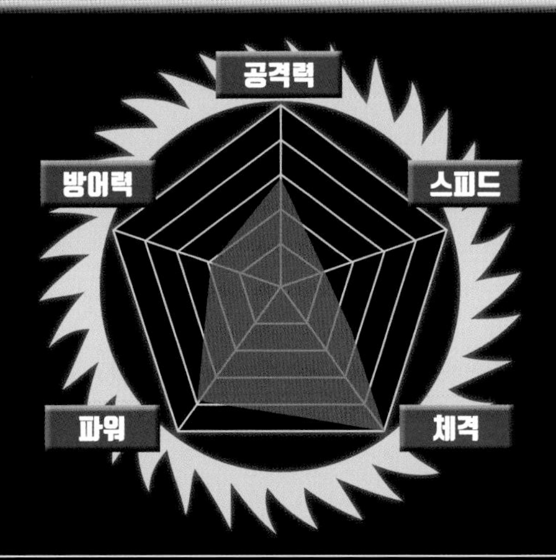

'갈라파고스코끼리거북', '갈라파고스 자이언트거북'이라고도 한다. 초식성으로, 땅거북과 중에서 크기가 가장 크며, 머리는 작고, 발은 코끼리처럼 튼튼하다. 헤엄을 거의 치지 않는데 몸속에 먹이와 물을 저장할 수 있어서 일 년 동안 먹지 않아도 살 수 있다. 뱃사람들이 식용 목적으로 마구 잡은 탓에 개체 수가 감소해 현재는 보호받고 있다.

분류	땅거북과
등딱지 길이	130cm
먹이	식물의 잎, 꽃, 열매
사는 곳	초원, 숲
특징	섬마다 다른 생김새

분포 지역 갈라파고스 제도

강력한 공격 필살기

코끼리와 같은 육중한 몸을 방패 삼아 전투를 벌인다!

천적이 없는 곳에 살아서 싸울 일이 거의 없지만 수컷은 번식기에 경쟁자에게 몸을 부딪치거나 박치기로 대항한다. 몸무게가 270kg이 넘기 때문에 거대한 몸집에서 뿜어내는 위압감이 상당하다. 갈라파고스땅거북의 가장 큰 특징은 100년 이상 사는 긴 수명이다. 오래 사는 만큼 생존 능력 또한 파충류 중에서 단연 으뜸이다.

오래 사는 장수거북

알다브라코끼리거북

공격력
방어력
스피드
파워
체격

인도양 세이셸 제도의 고유종인 땅거북으로, '알다브라땅거북'이라고도 한다. 주둥이 끝이 가늘어 좁은 장소에 고인 빗물을 입이나 코로 마실 수 있다. 뱃사람의 식용이나 반려동물로 이용되면서 개체 수가 줄어들어 세이셸 제도의 보호 대상이 되었다.

분류	땅거북과
등딱지 길이	105cm
먹이	식물의 잎과 꽃, 열매
사는 곳	해안가 초원, 내륙의 관목림, 습한 초원
특징	얕은 웅덩이에서 콧구멍으로 물을 마심

분포 지역 인도양 세이셸 제도, 알다브라섬

등딱지를 완전히 닫아 방어하는 능력자

중국상자거북

육지에 서식하는 거북으로, 물에 거의 들어가지 않는다. 위험을 느끼면 관절이 있는 복갑을 구부려서 다리를 넣은 등딱지를 완전히 닫고 밀폐 방어를 한다. 잡식성으로 달팽이, 지렁이, 과일, 채소 등을 먹으며 머리 양쪽에는 노란색 선이 뻗어 있다.

분류	돌거북과
등딱지 길이	19cm
먹이	열매, 곤충, 동물의 사체 등
사는 곳	숲과 주변의 습한 곳
특징	등딱지를 밀폐할 수 있음
분포 지역	중국 남부, 대만 등

*복갑: 배를 싸고 있는 단단한 껍데기.

생명력이 강한 외래종

미시시피붉은귀거북

성격이 사납고 수초를 대량으로 먹어 치워 토종 어류와 양서류가 사는 환경을 파괴한다. 눈 뒷부분에 있는 붉은 무늬가 특징이며, 뒷다리에 물갈퀴가 있어서 헤엄을 잘 친다. 반려동물로 입양했다가 버려진 개체가 각지에서 번식하여 환경 문제가 되고 있다.

공격력
스피드
체격
파워
방어력

분류	늪거북과
등딱지 길이	25cm
먹이	식물의 잎, 새우, 게
사는 곳	물살이 완만한 강, 연못, 늪
특징	눈 뒷부분에 있는 붉은 무늬

분포 지역 미국 미시시피강 주변

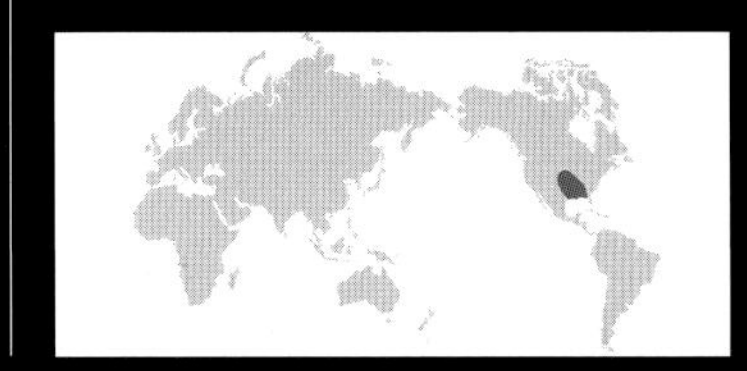

초강력 파충류 최강왕 결정전
거북 대표 결정전

거북 대표
준결승전 진출!

제2시합
108쪽

제1시합
106쪽

악어거북

인도좁은머리자라

갈라파고스땅거북

거북목 결정전에서는 빠른 속도로 사냥하며 강한 턱 힘을 자랑하는 악어거북, 날카로운 이빨로 물기 공격이 필살기인 인도좁은머리자라, 단단하고 무거운 몸집의 갈라파고스땅거북이 한자리에 모였다. 더 이상 방어만 하지 않고 자신만의 특별한 능력을 펼칠 기회가 왔다. 최강 자리에 오르기 위한 거북들의 싸움이 시작된다.

악어거북 VS 인도좁은머리자라

거북은 적을 만나면 딱딱한 등딱지로 숨는다. 엉금엉금 느릴 것만 같은 거북의 이미지를 뒤집을 매우 공격적인 거북들이 첫 시합에서 만났다. 강한 턱 힘으로 무엇이든 먹어 치우는 악어거북과 초강력 물기 공격이 필살기인 인도좁은머리자라와의 대결이다. 평소에는 두 선수 모두 은밀한 장소에서 싸우지만 이번 대결에서는 숨을 곳이 없다. 과연 어떤 결투가 펼쳐질지 기대된다.

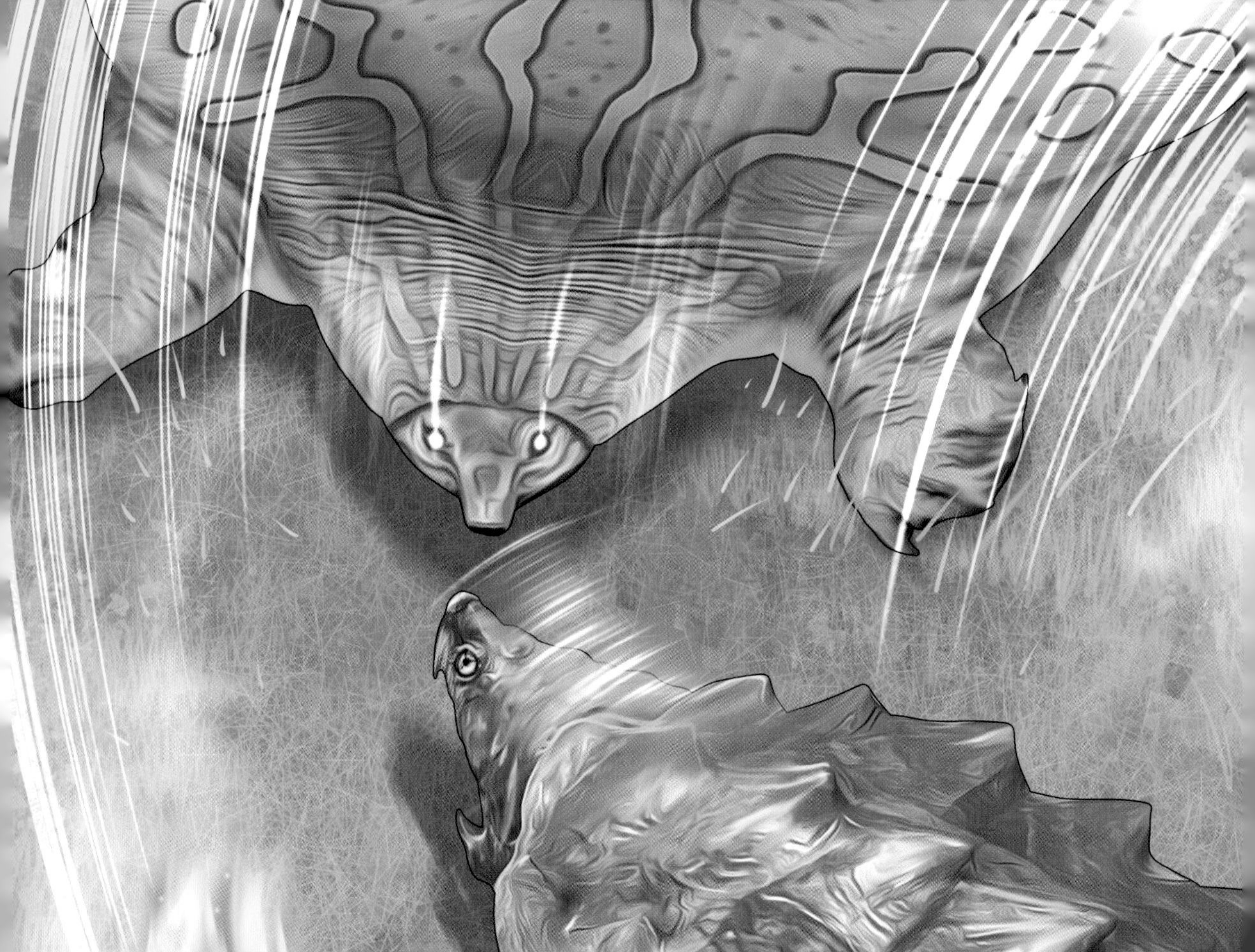

배틀 시작!

인도좁은머리자라에게는 초조한 시간이 계속된다!

거대한 인도좁은머리자라가 악어거북과 거리를 유지하며 물기 공격을 시도한다. 그러나 상대방의 딱딱한 등딱지에 가로막혀 공격할 수가 없다.

공격의 기회를 엿보던 인도좁은머리자라가 악어거북의 머리를 노린다. 악어거북은 큰 머리를 등딱지 속에 넣지 못하는 종으로, 머리를 공격받는다면 오래 버티지 못할 것이다.

치명적인 결정타!

몰래 숨어 있다가 마침내 송곳니를 드러낸다!

먹잇감을 무는 속도가 매우 빠른 악어거북이 마침내 움직인다. 눈앞의 인도좁은머리자라의 목덜미를 겨냥해 순식간에 물기 공격을 시도했다. *매복 사냥을 하는 악어거북이 계속 기회를 엿보고 있었던 것이다.

* 매복: 상대의 동태를 살피거나 불시에 공격하려고 일정한 곳에 몰래 숨어 있음.

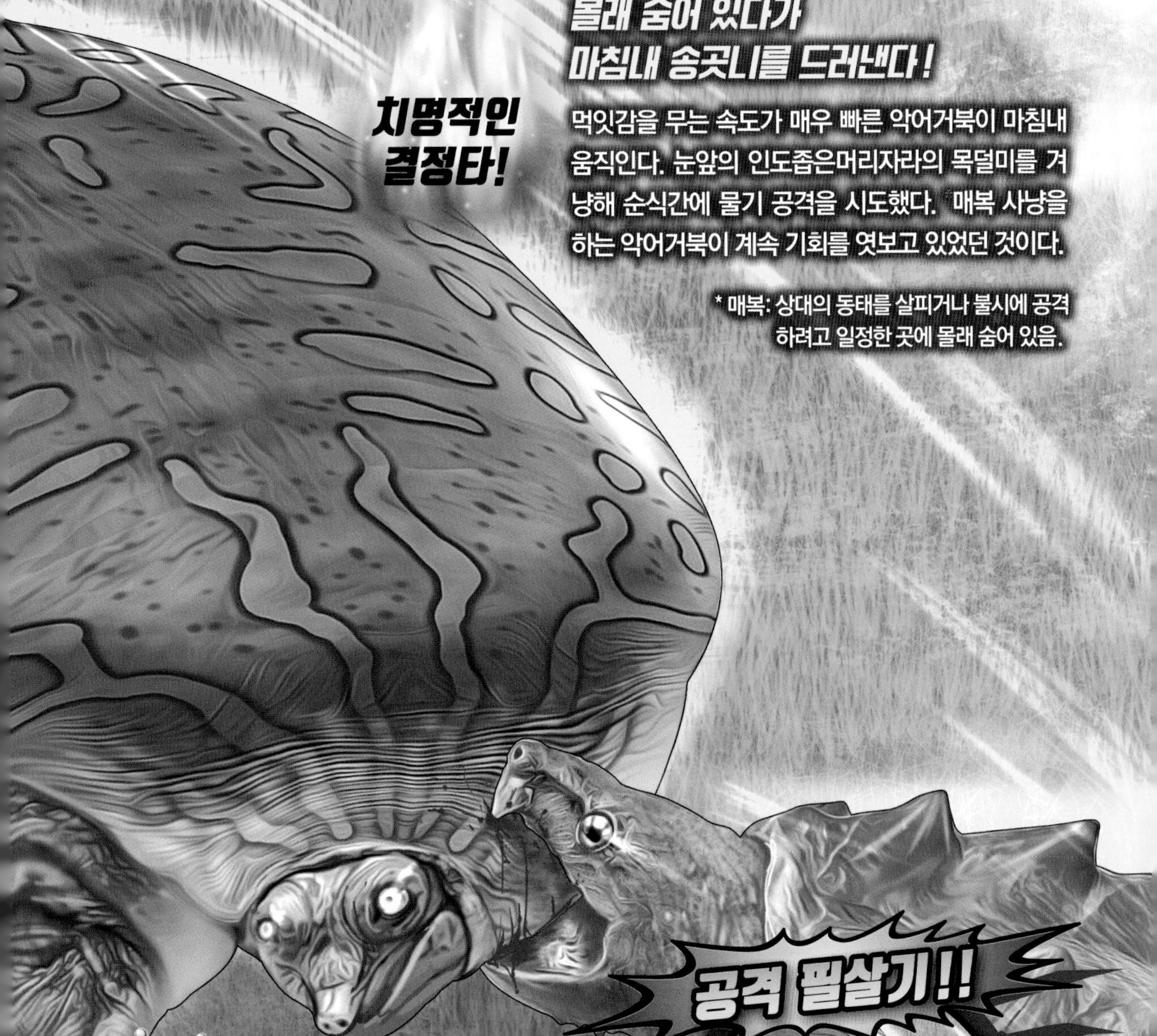

공격 필살기!!

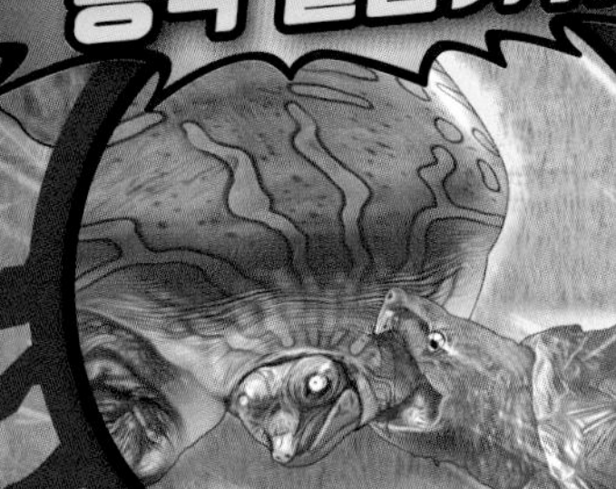

재빠른 물기 공격

악어거북은 재빠른 물기 공격으로 물고기 등의 먹잇감을 순식간에 잡아먹는다. 재빠르게 무는 속도와 강한 턱 힘을 인도좁은머리자라가 당해낼 수 없었다.

승자

악어거북

거북 세계에서 악어거북의 무는 힘은 최고로 꼽힌다. 한번 물면 놓지 않는 강한 턱에 놀란 인도좁은머리자라가 완전히 의욕을 상실하여 경기를 포기하고 말았다. 승리를 거두고 다음 단계로 진출한 승자는 악어거북이다.

악어거북 VS 갈라파고스땅거북

*시드권을 얻어 출전한 상대는 거북 세계의 장갑차, 갈라파고스땅거북이다. 움직임이 느린 초식성 거북이지만 크고 두꺼운 등딱지로 뛰어난 방어력을 가졌다. 무엇보다 무겁고 거대한 몸집이 최대의 공격 무기가 될 것이다. 갈라파고스땅거북에 맞서 악어거북은 어떻게 싸울 것인가? 싸움을 알리는 종소리가 지금 울려 퍼진다.

* 시드권: 토너먼트 경기에서 대진표를 만들 때, 처음부터 우승권에 있는 선수들끼리 맞붙는 것을 피하기 위해 특정 선수에게 부여하는 우선권.

배틀
시작!

육중한 몸통 공격에 악어거북이 철저히 대항한다!

몸집이 큰 갈라파고스땅거북이 몸무게를 이용해 앞다리로 짓누르기 공격을 한다. 반면에 악어거북은 날카로운 발톱과 주둥이로 갈라파고스땅거북의 앞다리를 공격한다.

무는 공격뿐만 아니라 날카로운 발톱도 악어거북의 무기이다. 갈라파고스땅거북의 단단한 비늘 다리에 점점 힘이 빠진다.

승리를 향한 집념으로 악어거북이 맹공격을 퍼붓는다!

치명적인 결정타!

갈라파고스땅거북이 악어거북의 맹렬한 공격을 견디지 못하고 목을 움츠려 단단한 앞다리를 방패 삼아 방어 자세를 취한다. 하지만 악어거북은 공격을 쉬지 않는다. 갈라파고스땅거북 등딱지의 가장자리를 물고 날카로운 발톱으로 계속 할퀴며 맹공격을 퍼붓는다.

공격 필살기!!

날카로운 발톱과 강한 턱 힘

인내심과 집념이 강한 악어거북이 날카로운 발톱으로 끊임없이 할퀴고, 강한 턱 힘으로 물고 늘어져 상대의 견고한 방어를 무너뜨렸다.

승자

악어거북

악어거북의 놀라운 집념에 갈라파고스땅거북이 버티지 못하고 흔들리기 시작했다. 등딱지 위에서 들리는 날카로운 발톱 소리에 갈라파고스땅거북이 압박을 느꼈을 것이다. 마침내 갈라파고스땅거북이 항복을 선언했고 악어거북이 거북을 대표하는 승자가 되었다.

반려동물로 인기 있는 거북

거북의 종류에 따라 등딱지 모양과 색깔, 얼굴 표정 등이 다양하다.
사랑스러운 거북의 특징을 한데 모아 살펴보자.

등딱지의 선명한 색채가 멋진

▶ 앵귤라타육지거북(Angulate tortoise)

분류: 땅거북과 / 등딱지 길이: 15~27cm / 먹이: 다육식물 등

복갑 앞쪽에 발달한 돌기가 마치 칼날처럼 보인다. 남아프리카 해안 지역의 건조 지대에 분포한다. 콧구멍으로 물을 흡입하여 마신다.

사막에 굴을 파고 사는

아프리카가시거북(African spurred tortoise) ◀

분류: 땅거북과 / 등딱지 길이: 50~80cm / 먹이: 식물, 과일 등

'설가타육지거북'이라고도 하며, 사하라 사막 지대에서 깊이 1m 정도의 굴을 파고 산다. 다 자라면 뒷다리와 꼬리 사이의 비늘이 발톱처럼 발달한다.

등딱지가 납작한

▶ 꼬인목거북(Twist-necked turtle)

분류: 뱀목거북과 / 등딱지 길이: 18cm / 먹이: 민달팽이, 올챙이 등

남아메리카 숲에 서식한다. 얕은 연못이나 늪, 웅덩이에 살지만 헤엄이 서툴러 물 위에 둥둥 떠 있는 경우가 많다. 등딱지가 납작하고, 길쭉한 타원형으로 '납작머리거북'이라고도 부른다.

코가 돼지 코처럼 보이는

돼지코거북(Pig-nosed turtle) ◀

분류: 돼지코거북과 / 등딱지 길이: 55~70cm / 먹이: 열매, 수생 식물, 조개류 등

발에 물갈퀴가 있으며 바다에 사는 거북과 비슷하다. 노 모양의 앞다리를 이용해 헤엄친다. 돼지처럼 생긴 특이한 코를 물 밖으로 내놓고 숨을 쉰다.

등에 동전을 짊어진

▶ 일본돌거북(Japanese pond turtle)

분류: 돌거북과 / 등딱지 길이: 14~20cm / 먹이: 식물, 조개, 게, 새우 등

민물에 사는 일본 고유종이다. 등딱지의 뒷부분이 동전의 가장자리처럼 톱니 모양이다. 추위에 강해서 3℃ 수온에서도 활동할 수 있다.

고약한 냄새를 풍기는

남생이(Chinese pond turtle)◀

분류: 돌거북과 / 등딱지 길이: 20~25cm / 먹이: 식물, 조개, 새우, 게 등

놀라면 냄새가 고약한 주황색 액체를 내뿜는다. 머리에서 목에 걸쳐 연두색 무늬가 있다. 자라와 함께 우리나라를 대표하는 민물 거북이다.

알을 많이 낳는

▶ 남미강거북(South american river turtle)

분류: 가로목거북과 / 등딱지 길이: 60~90cm / 먹이: 식물의 잎, 열매, 새우, 게 등

목을 옆으로 구부려 등딱지에 붙이고 숨는다. 밤이 되면 암컷은 무리 지어 육지로 이동하며, 모래땅에서 한 번에 100개나 되는 알을 낳는다.

성격이 공격적인

큰사향거북(Giant musk turtle)◀

분류: 흙탕거북과 / 등딱지 길이: 25cm / 먹이: 곤충, 소형 물고기 등

등딱지에 돌기 모양인 세 개의 힘줄이 있다. 어린 개체는 이 힘줄이 선명하게 보이지만 어른 개체가 되면 눈에 띄지 않는다.

전 세계 바다를 누비는

▶ 푸른바다거북(Green sea turtle)

분류: 바다거북과 / 등딱지 길이: 80~100cm / 먹이: 해초, 해파리, 게

바다거북 중에서 비교적 추위에 강하고 전 세계 열대, 아열대 바다에 서식한다. 주로 해조류를 먹지만 해파리나 새우 등을 먹기도 한다.

등딱지에 다 들어가지 않는

큰머리거북(Big-headed turtle)◀

분류: 큰머리거북과 / 등딱지 길이: 14~20cm / 먹이: 곤충, 소형 물고기 등

비늘로 덮인 머리는 등딱지에 다 들어가지 못할 정도로 크다. 나무에 자주 오르며, 다부진 꼬리로 능숙하게 나뭇가지에 매달린다.

종류에 따라 다양한 파충류의 수명

장수의 상징인 거북은 오래 사는 동물로 알려져 있다.
거북의 실제 수명은 얼마나 되며, 다른 파충류는 얼마나 사는지 알아보자.

돌거북의 수명은 30 ~ 50년 정도이다.

갈라파고스땅거북은 100년 이상 사는 개체도 많다.

투아타라의 수명은 100년 이상으로, 파충류 중에서도 오래 산다.

라보드카멜레온은 우기(일 년 중 비가 많이 오는 시기) 동안인 5개월밖에 살지 못한다.

학은 천년, 거북은 만년이라는 말이 있듯이 거북은 오래 사는 것으로 유명하다. 만년을 산 거북은 아직 발견되지 않았지만, 가장 오래 산 갈라파고스땅거북은 175년을 살았다고 한다. 반대로 가장 수명이 짧은 파충류는 라보드카멜레온으로, 평균 수명이 불과 5개월 정도이다. 먹을 것이 많은 우기 초기에 태어나 건조한 건기가 시작되기 전에 알을 낳고 죽는다.

초강력 파충류왕 대도감

양서류

파충류와 조금 다른 물가의 이웃들

양서류는 보통 물과 땅을 오가며 생활한다.
물가에 서식하며 독특한 특징을 가진 양서류를 알아보자.

탐욕스러운 거대 포식자

일본장수도롱뇽

배틀 출전!

배틀 상대

골리앗개구리

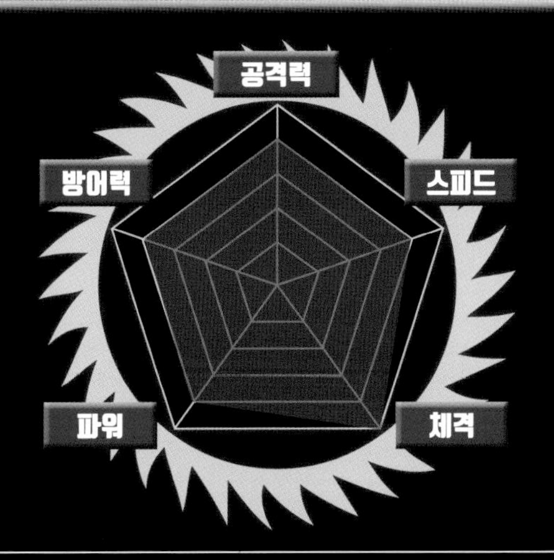

일본장수도롱뇽은 피부가 울퉁불퉁해 바위처럼 생겼으며, 눈이 작고 시력이 좋지 않다. 야행성으로 강바닥에서 사냥할 작은 생물을 기다렸다가 큰 입을 벌려 물이나 모래와 함께 삼킨다. 3,000만 년 전 모습을 그대로 간직하고 있어 '살아있는 화석'으로 불린다. 깨끗하고 시원한 흐르는 물에서만 서식한다.

분류	장수도롱뇽과
전체 길이	30 ~ 150cm
먹이	가재, 물고기, 개구리
사는 곳	산지의 시냇물, 하천
특징	헤엄치기 좋은 세로로 납작한 꼬리

분포 지역 일본

강력한 공격 필살기

모든 것을 집어삼키는 큰 입과 날카로운 이빨로 공격한다!

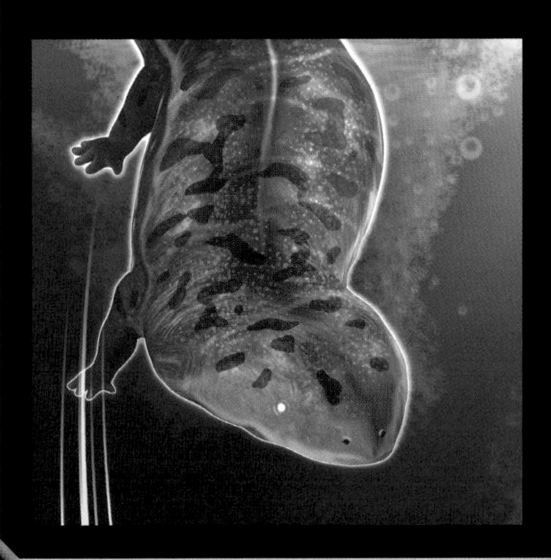

일본장수도롱뇽은 둔해 보이지만 성격이 사납다. 물속에서 발견한 작은 생물을 순식간에 먹어 치우며, 서로를 잡아먹기도 한다. 번식기에는 바위틈에 둥지를 두고 수컷끼리 싸우기도 하는데, 큰 입과 날카로운 이빨로 상대를 격렬하게 물어뜯는다. 놀랐을 때나 천적을 쫓을 때는 자극적인 냄새를 풍기는 독성을 가진 흰색 점액을 분비한다.

호랑이 무늬를 닮은 도롱뇽

호랑이도롱뇽

땅 위에 사는 양서류 중에서 가장 큰 종이다. 땅 위 생활에 적응하여 다리가 굵고 목이 짧으며 눈꺼풀이 있다. 낮에는 구멍 속에 숨어 있다가 밤이 되면 곤충과 작은 생물 등의 먹이를 찾아 나선다. 지역에 따라 몸 색깔이 다르며 갈색과 녹색, 회색, 검정 등의 반점과 줄무늬가 있다.

분류	점박이도롱뇽과
전체 길이	15 ~ 40cm
먹이	지렁이, 대형 곤충, 양서류, 쥐 등
사는 곳	평지에서 고지대의 숲
특징	지역에 따라 다른 몸 색깔, 크기

분포 지역 북아메리카

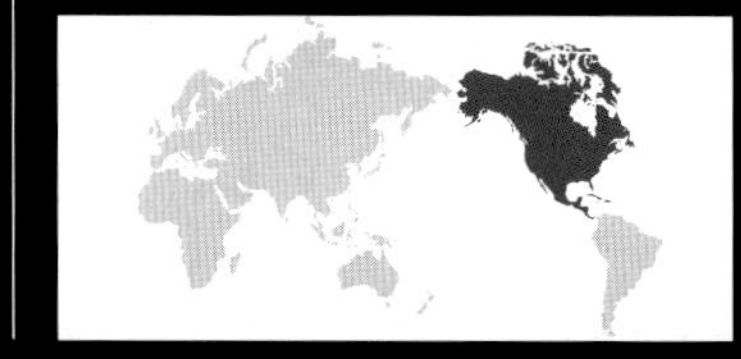

독을 가지고 있는 양서류

붉은배영원

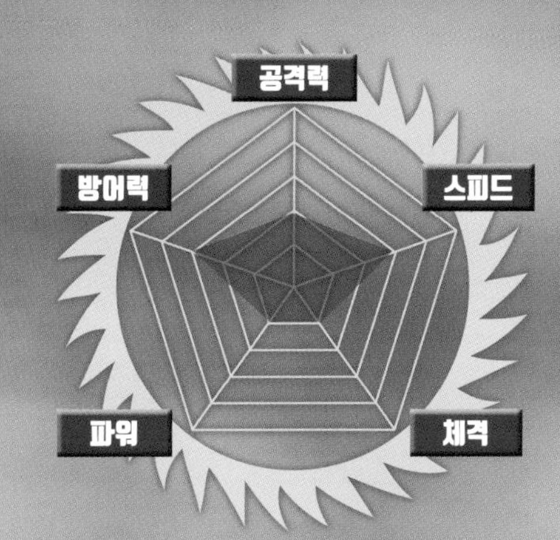

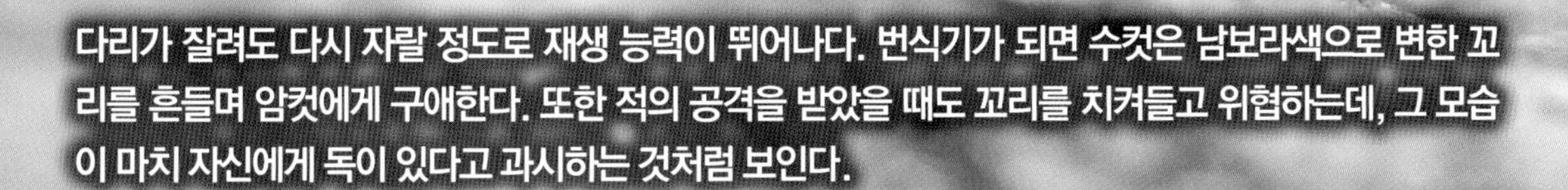

다리가 잘려도 다시 자랄 정도로 재생 능력이 뛰어나다. 번식기가 되면 수컷은 남보라색으로 변한 꼬리를 흔들며 암컷에게 구애한다. 또한 적의 공격을 받았을 때도 꼬리를 치켜들고 위협하는데, 그 모습이 마치 자신에게 독이 있다고 과시하는 것처럼 보인다.

분류	영원과
전체 길이	8 ~ 13cm
먹이	곤충, 지렁이, 양서류의 알, 올챙이 등
사는 곳	평지에서 고지대 물가
특징	검고 까칠까칠한 등, 붉은색의 배

분포 지역 중국, 일본

독으로 몸을 무장한 전사

불도롱뇽

배틀 출전!

배틀 상대

황금독화살개구리

불도롱뇽은 땅딸막한 몸과 다부진 다리를 가진 대형 양서류이다. 어린 개체일 때는 물속에서 생활하지만 어른 개체가 되면 일생을 땅 위에서 보낸다. 머리 양쪽과 등 한가운데에서 나오는 독이 무기이다. 서식하는 지역에 따라 몸의 형태가 다르며, 눈이 발달하여 먹이 활동 후에 자신의 은신처로 돌아갈 수 있다.

분류	영원과
전체 길이	14 ~ 29.5cm
먹이	조개, 지렁이, 곤충 등
사는 곳	숲 등
특징	검은색 몸에 있는 노란 반점

분포 지역 유럽, 북서아프리카, 서남아시아

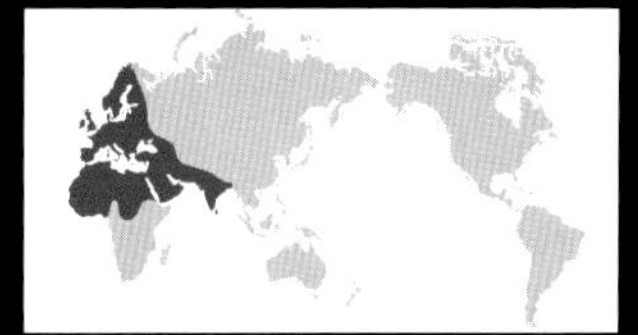

강력한 공격 필살기

척추동물에게도 치명적인 강력한 독으로 공격한다!

머리 양쪽과 등 한가운데에 독샘이 있어 피부 바깥쪽으로 독이 들어 있는 물질을 분비한다. 불도롱뇽의 독은 근육 경련과 과호흡을 일으키는 신경독으로, 척추동물 대부분을 위험에 빠뜨릴 수 있다. 독으로 몸을 무장하고 노란 반점이 경계색 역할을 하여 천적으로부터 몸을 보호한다. 서양에서는 아주 오래전부터 이 특징적인 색상으로 인해 많은 사람에게 사랑받고 있다.

갈비뼈로 위협하는 공격 필살기

이베리아영원

영원과에서 크기가 가장 크다. 천적에게 잡히면 갈비뼈 끝이 피부를 뚫고 나와서 상대의 발과 입안에 상처를 낸다. 동시에 몸에서 분비된 독이 적의 몸속으로 들어간다. 이베리아영원은 재생 능력이 뛰어나 피부에 상처가 나도 금방 아문다.

분류	영원과
전체 길이	15 ~ 20cm
먹이	지렁이, 곤충 등
사는 곳	물살이 느린 하천, 호수, 늪
특징	몸에 있는 주황색 돌기

분포 지역 이베리아반도, 모로코

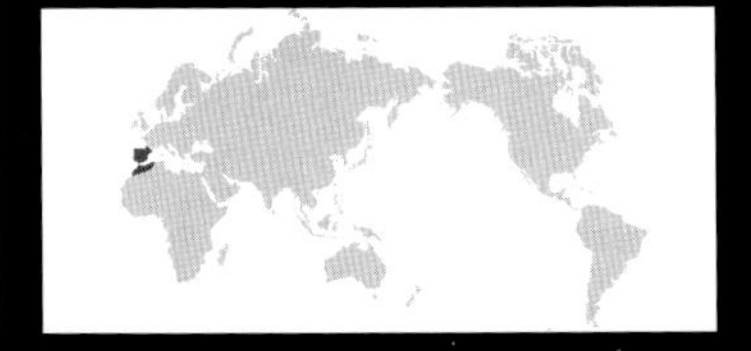

앞다리만 있는 수생 양서류

그레이터사이렌

대형 수생 양서류이다. 성장해도 유생 시기에 있던 세 쌍의 겉아가미가 계속해서 남아 있다. 각각 네 개의 발가락이 있는 앞다리는 너무 작아서 아가미에 숨길 수 있다. 서식하는 곳의 물이 마르면 몸에서 점액을 분비해 고치를 만들고 잠을 잔다. 천적에게 잡히면 울기도 한다.

분류	사이렌과
전체 길이	50 ~ 98cm
먹이	가재, 곤충, 조개, 물고기, 수초
사는 곳	연못, 호수, 얕은 하천
특징	아가미에 숨겨질 정도로 작은 앞다리

분포 지역 미국 동부, 남부

세계 최강의 독을 가진 숲의 사냥꾼

황금독화살개구리

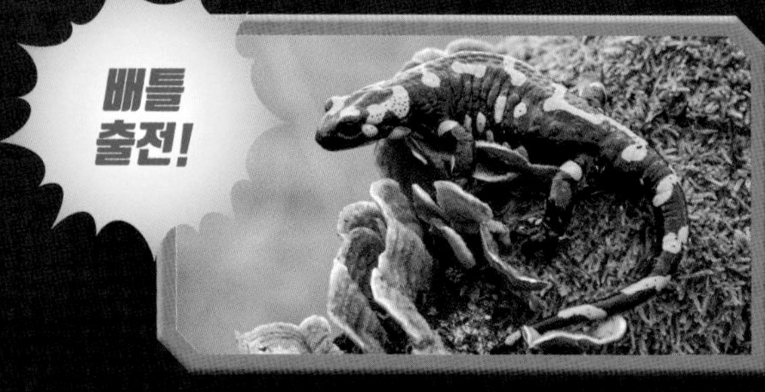

배틀 출전!

배틀 상대

불도롱뇽

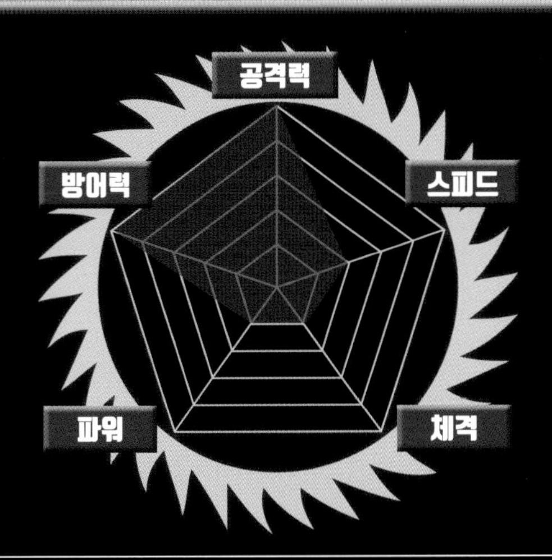

황금독화살개구리는 크기가 작고 몸 색깔이 선명하다. 독을 지닌 동물 중에서도 매우 강력한 독을 피부에서 분비한다. 황금독화살개구리는 독이 있는 먹이를 먹고 몸속에 독을 쌓아 두거나 저장해 놓은 독을 이용해 새로운 독을 만든다. 최근에는 환경 파괴로 인해 개체 수가 감소하고 있다.

분류	독화살개구릿과
전체 길이	3.7 ~ 4.7cm
먹이	개미 등의 곤충
사는 곳	열대 우림
특징	독화살개구리보다 약 20배 강한 독

분포 지역 콜롬비아

강력한 공격 필살기

적은 양으로도 목숨을 잃게 하는 강한 독을 가지고 있다!

콜롬비아 원주민들은 사냥할 때, 화살촉 끝에 황금독화살개구리의 몸에서 나오는 독을 바른다. 이 독은 심장 발작을 일으키는 심독성, 신경을 마비시키는 신경독성으로 0.00001g으로도 사람이 목숨을 잃을 수 있다. 황금독화살개구리는 스치기만 해도 큰 먹잇감의 숨통을 끊을 수 있는 매우 위험한 생물이다.

글라이더처럼 공중을 나는 청개구리

날개구리

나무 위에서 살아가는 소형 양서류이다. 위험을 느낄 때나 먹잇감을 사냥할 때는 발가락 사이의 물갈퀴를 크게 벌리고 나무 위에서 뛰어내려 글라이더처럼 활공한다. 높은 나무에서는 15m나 날아서 이동할 수 있다. 우기가 되면 물웅덩이 근처에 있는 나무에 거품으로 둘러싸인 알을 낳는다.

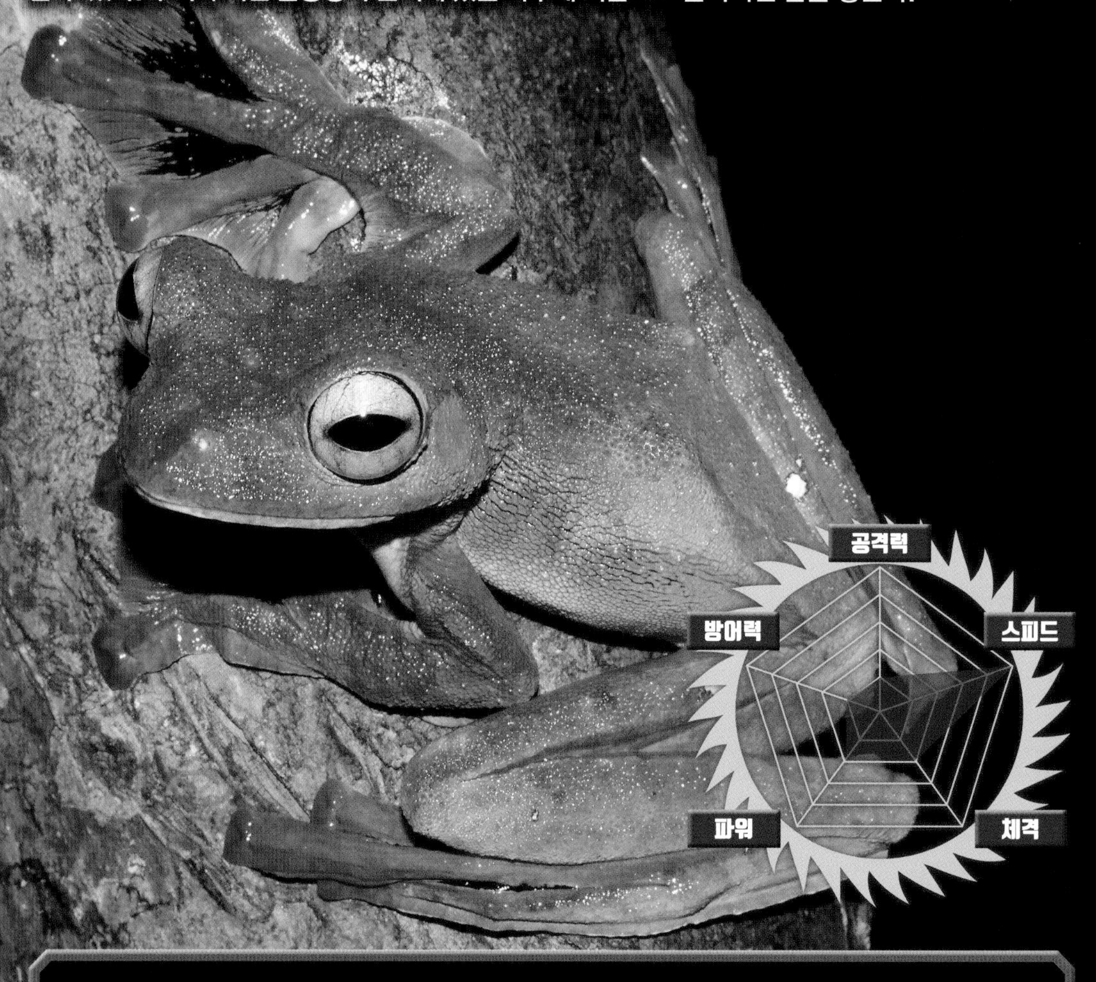

분류	청개구릿과
전체 길이	수컷 8.9cm, 암컷 10cm
먹이	곤충, 거미
사는 곳	열대 우림
특징	발가락 사이의 커다란 물갈퀴

분포 지역: 태국 *반도부, 말레이반도, 보르네오섬

*반도부: 육지가 바다로 뻗어 나와 삼면이 바다로 둘러싸인 부분.

귀에서 독을 분비하는 대형 두꺼비

일본두꺼비

낮에는 돌이나 쓰러진 나무 밑에서 쉬고, 밤이나 비가 그친 뒤에 활발하게 활동한다. 독을 지닌 종으로, 귀에서 심장 발작을 일으키는 심독성 독을 분비한다. 짝짓기 시기와 산란기에는 연못이나 늪에 집단으로 모여서 생활한다.

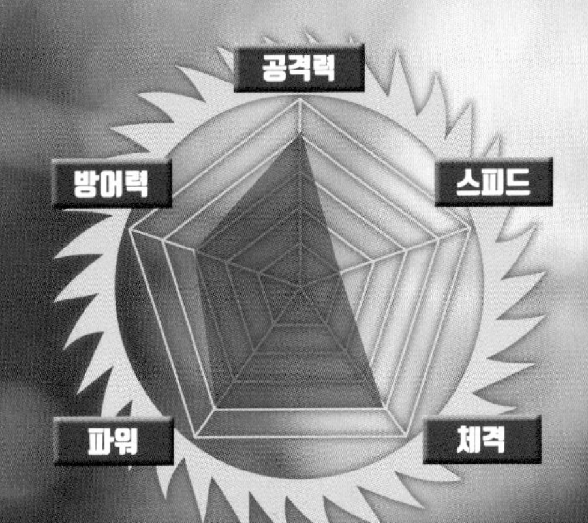

분류	두꺼빗과
전체 길이	8 ~ 17.6cm
먹이	지렁이, 곤충, 게
사는 곳	저지대 산지의 숲과 초원
특징	귀에서 분비하는 독

분포 지역 일본

강한 근육을 자랑하는 멀리뛰기 선수

골리앗개구리

배틀 출전!

배틀 상대

일본장수도롱뇽

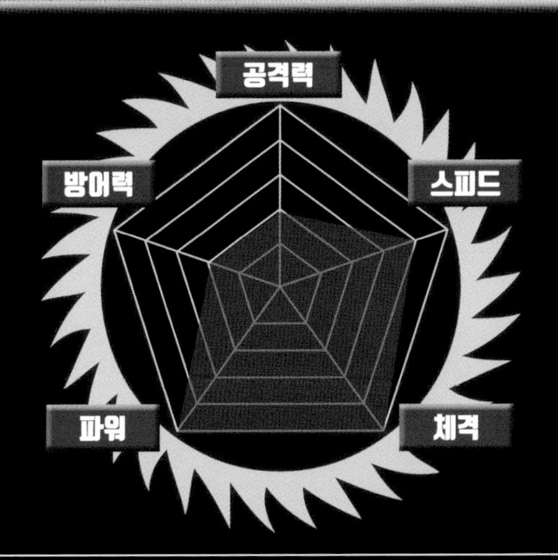

골리앗개구리는 아프리카 대륙에 분포하는 개구리 중에서 가장 크다. 몸통은 넓적하고 피부가 울퉁불퉁하며 발에 물갈퀴가 발달했다. 울음주머니가 없는 수컷은 울지 않고 입을 오므려 휘파람 소리를 낸다. 최근에는 환경 파괴, 수질 오염, 식용으로 이용 등을 이유로 개체 수가 감소하고 있다.

분류	골리앗개구릿과
전체 길이	18 ~ 32cm
먹이	곤충, 수초
사는 곳	고지대 열대 우림의 강
특징	아프리카 대륙에서 가장 큰 개구리

분포 지역 아프리카 카메룬, 적도 기니

강력한 공격 필살기

거대한 몸의 근육을 지탱하는 튼튼한 뒷다리가 있다!

골리앗개구리 중에는 쭉 뻗으면 뒷다리의 길이가 무려 80cm나 되는 개체도 있다. 튼튼한 근육을 이용한 놀라운 점프력을 자랑하는데, 3m나 날아갈 수 있다. 독은 없지만, 몸무게가 3kg 이상 나가므로 적을 향해 공중에서 떨어질 경우 부상 정도로는 끝나지 않을 것이다. 또한 다리가 튼튼해 수영 실력이 뛰어나고, 도망치는 속도도 매우 빠르다.

가리지 않고 먹어 치우는 대식가

황소개구리

몸집이 크며 가재부터 쥐까지 무엇이든 먹어 치우는 대형 개구리이다. 먹성이 좋아서 움직이는 거라면 일단 먹으려고 한다. 황소처럼 울어서 '황소개구리'라고 불린다. 평균 8년 정도 살며, 다른 개구리보다 성장 속도가 빨라 2년 정도면 다 자란다.

분류	개구릿과
전체 길이	12~18.5cm
먹이	곤충, 양서류, 조류, 소형 포유류
사는 곳	강, 늪 등
특징	무엇이든 먹어 치우는 먹성

분포 지역 캐나다 남동부, 멕시코 북동부

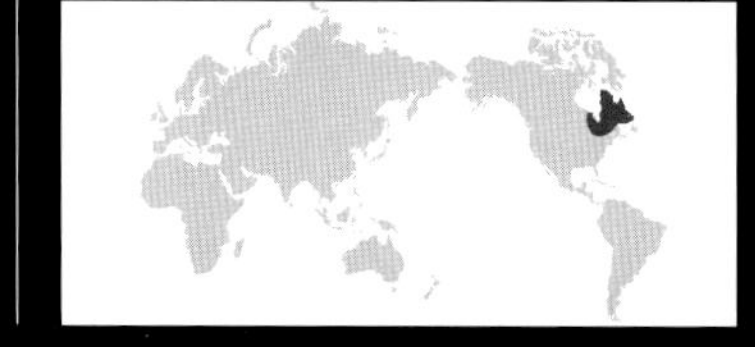

초강력 파충류 최강왕 결정전
스페셜 배틀

제1시합
130쪽

대형 양서류 대결

일본장수도롱뇽

VS

골리앗개구리

제2시합
132쪽

맹독 대결

불도롱뇽

VS

황금독화살개구리

준결승전을 시작하기 전에 개최되는 스페셜 배틀에는 파충류와 가까운 종인 양서류가 출전한다. 대형 양서류 대결에서는 모든 것을 집어삼키는 큰 입을 가진 일본장수도롱뇽과 거대한 몸집의 개구리인 골리앗개구리가 맞붙는다. 맹독 대결에서는 머리 양쪽과 등 한가운데에 독샘이 있는 불도롱뇽과 세계 최강의 독을 가진 황금독화살개구리의 대결이 펼쳐진다. 파충류 못지않게 격렬한 싸움을 펼칠 양서류의 경기를 지켜보자.

일본장수도롱뇽 VS 골리앗개구리

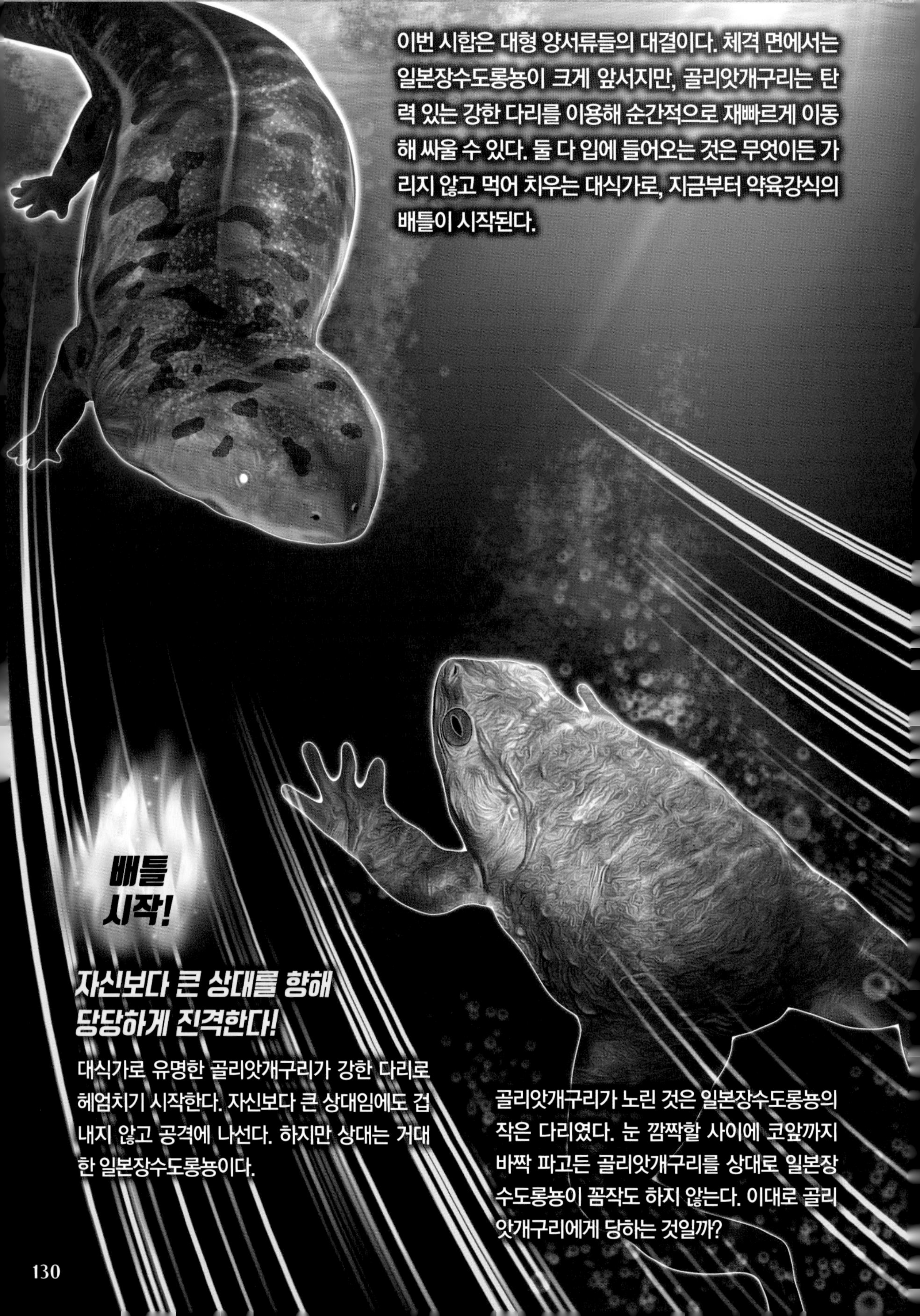

이번 시합은 대형 양서류들의 대결이다. 체격 면에서는 일본장수도롱뇽이 크게 앞서지만, 골리앗개구리는 탄력 있는 강한 다리를 이용해 순간적으로 재빠르게 이동해 싸울 수 있다. 둘 다 입에 들어오는 것은 무엇이든 가리지 않고 먹어 치우는 대식가로, 지금부터 약육강식의 배틀이 시작된다.

배틀 시작!

자신보다 큰 상대를 향해 당당하게 진격한다!

대식가로 유명한 골리앗개구리가 강한 다리로 헤엄치기 시작한다. 자신보다 큰 상대임에도 겁내지 않고 공격에 나선다. 하지만 상대는 거대한 일본장수도롱뇽이다.

골리앗개구리가 노린 것은 일본장수도롱뇽의 작은 다리였다. 눈 깜짝할 사이에 코앞까지 바짝 파고든 골리앗개구리를 상대로 일본장수도롱뇽이 꿈쩍도 하지 않는다. 이대로 골리앗개구리에게 당하는 것일까?

상대를 가리지 않고 집어삼키는 공포의 입이 열린다!

치명적인 결정타!

갑자기 골리앗개구리의 몸이 물살에 휘말린다. 일본장수도롱뇽의 크게 벌린 입에서 무엇이든지 집어삼킬 것만 같은 세찬 물살이 쏟아져 나오고 있었다.

공격 필살기!!

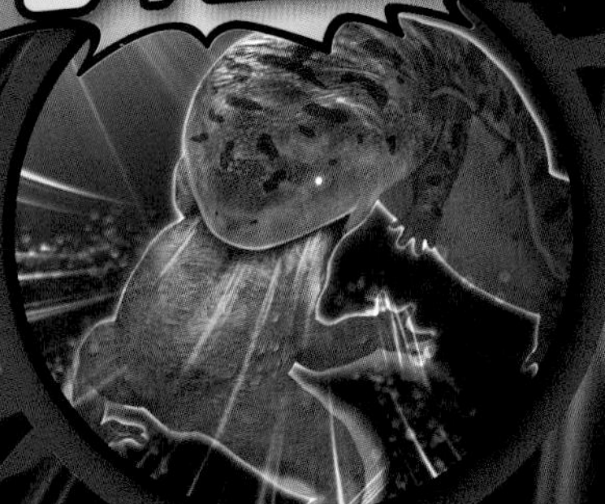

커다란 입으로 집어삼키기

일본장수도롱뇽은 주변의 물과 함께 통째로 먹잇감을 집어삼킨다. 무심결에 입 주변에 접근했다가는 먹잇감이 되고 만다.

승자

일본장수도롱뇽

골리앗개구리가 도망갈 틈도 없이 주변의 모든 것을 집어삼킬 것 같은 물살에 휩쓸려 일본장수도롱뇽의 입속으로 빨려 들어갔다. 믿었던 발차기 공격도 큰 효과를 보지 못하고 일본장수도롱뇽의 승리로 돌아갔다.

맹독을 지닌 양서류의 대결에서는 척추동물에게도 치명상을 입힐 수 있는 맹독을 가진 불도롱뇽과 자연계 최강의 독을 가진 황금독화살개구리가 만났다. 황금독화살개구리의 독은 적은 양으로도 사람에게 치명상을 입히는데, 불도롱뇽의 독도 만만치 않게 매우 강력하다. 체격은 불도롱뇽이 황금독화살개구리보다 몇 배 이상 크다. 과연 누가 맹독을 더 잘 사용할지 흥미진진한 배틀을 지켜보자.

배틀 시작!

불도롱뇽이 머리를 흔들어 독을 내뿜는다!

황금독화살개구리의 독은 독이 있는 생물 중에서도 최고로 꼽힐 만큼 강력하다. 가까이 접근한 황금독화살개구리를 두려워한 불도롱뇽이 머리를 흔들자 머리 양쪽에 있는 독샘에서 독이 나와 황금독화살개구리의 얼굴을 정확히 명중시켰다.

불도롱뇽의 맹독을 대량으로 삼킨 황금독화살개구리가 괴로워하기 시작한다. 강력한 독이 황금독화살개구리의 호흡기를 덮쳤고 이제 자유롭게 움직일 수 있는 시간도 얼마 남지 않았다.

치명적인 공격 무기인 맹독 묻히기를 시도한다!

치명적인 결정타!

황금독화살개구리가 남아 있는 힘을 모두 끌어모아서 다리의 강한 힘으로 튀어 올라 불도롱뇽의 얼굴에 달라붙는다. 불도롱뇽은 발가락의 빨판을 이용해 단단히 달라붙은 황금독화살개구리를 뿌리치려고 애쓴다. 하지만 황금독화살개구리의 맹독이 빠른 속도로 불도롱뇽의 몸 전체에 퍼져 나가고 있었다.

공격 필살기!!

죽음의 포옹으로 독 묻히기

황금독화살개구리의 독에 조금이라도 노출되면 모든 것이 끝장이다. 피부만 살짝 스쳐도 목숨이 위험하다.

승자

황금독화살개구리

몸속으로 스며든 독이 불도롱뇽의 몸을 파괴하기 시작했다. 자연계 최강의 독을 견디지 못한 불도롱뇽이 백기를 들고 말았다. 맹독의 대결은 황금독화살개구리의 승리로 막을 내렸다.

다채로운 모습을 가진 양서류

물과 땅에서 모두 생활하는 양서류의 종류를 알아보고
양서류의 독특한 특징을 살펴보자.

검은 발톱을 가진

▶ 꼬리치레도롱뇽(Korean clawed salamander)

분류: 도롱뇽과 / 전체 길이: 13~19cm / 먹이: 곤충, 지렁이, 거미 등

발가락 끝에 있는 검은 발톱이 특징이다. 폐가 없어서 피부 호흡을 하고 더위에 매우 약하다.

일본 고유종인

도쿄도롱뇽(Tokyo salamander) ◀

분류: 도롱뇽과 / 전체 길이: 8~13cm / 먹이: 곤충, 지렁이, 거미 등

일본 관동 지방에 서식하는 종으로, 이름처럼 도쿄 도심에서도 볼 수 있다. 갓 태어난 유생은 몸의 균형을 잡아 주는 기관인 '평형곤'을 지니고 있다.

신체 재생 능력이 뛰어난

▶ 아홀로틀(Axolotl)

분류: 점박이도롱뇽과 / 전체 길이: 20~28cm / 먹이: 물고기, 수생 곤충, 새우, 게 등

아가미와 지느러미 등 유생의 특징을 지닌 상태로 성체가 되고 알을 낳는다. 손상된 신체를 쉽게 재생하고, 다른 개체의 장기를 이식해도 거부 반응이 없다. '멕시코도롱뇽', '우파루파'라고도 불린다.

검처럼 뾰족한 꼬리가 있는

칼꼬리영원(Sword-tailed newt) ◀

분류: 영원과 / 전체 길이: 12~18cm / 먹이: 곤충, 지렁이 등

꼬리 끝이 뾰족한 검처럼 생겨서 붙여진 이름이다. 배에 있는 주황색은 포식자에게 독이 있음을 알리는 경계색 역할을 한다.

화가 나면 몸을 부풀리는

▶ **비개구리** (Rain frog)

분류: 비개구릿과 / 전체 길이: 5cm / 먹이: 흰개미

놀라거나 상대를 위협할 때 공기를 들이마셔 몸을 동그랗게 부풀린다. 몸의 크기에 비해 다리가 매우 짧다.

어둠 속에 사는

동굴영원(Olm) ◀

분류: 동굴영원과 / 전체 길이: 25~40cm / 먹이: 새우, 게 등

오랫동안 어두운 동굴 속에서 살았기 때문에 눈이 퇴화되어 앞이 보이지 않는다. 수명이 매우 길고 100년을 넘게 사는 개체도 있다.

몸이 바위처럼 울퉁불퉁한

▶ **사마귀영원**(Anderson's crocodile newt)

분류: 영원과 / 전체 길이: 14~20cm / 먹이: 조개, 지렁이 등

두드러져 보이는 갈비뼈가 특징이다. 적을 만나면 이 갈비뼈를 크게 벌리고 위협한다. 머리가 넓고 편평하며 삼각형 모양이다.

지렁이를 닮은

코타오섬무족영원(Koh Tao caecilian) ◀

분류: 아시아꼬리무족영원과 / 전체 길이: 20~28cm / 먹이: 지렁이

지렁이와 형태가 비슷한 종이다. 눈과 귀는 퇴화했고 입가에 있는 촉수로 외부의 상태를 감지한다. 몸통 옆이 노란색을 띤다.

색이 화려한

▶ **딸기독화살개구리**(Strawberry poison-dart frog)

분류: 독화살개구릿과 / 전체 길이: 1.7~2.4cm / 먹이: 곤충, 진드기

서식하는 지역에 따라 몸 색깔이 다양하다. 머리와 등이 붉고 다리는 파란색을 띤다. 강렬한 붉은색으로 독이 있다는 것을 나타낸다.

납작하고 평평한

피파개구리(Surinam toad) ◀

분류: 피파개구릿과 / 전체 길이: 10~17cm / 먹이: 물고기

몸이 얇고 납작하며 암컷은 등 가죽의 구멍 속에서 알을 키운다. 또한 입에 혀가 없어서 먹이를 먹을 때 통째로 삼킨다.

적을 물리치기 위한 파충류의 위협 방식

파충류에는 독특하게 상대를 위협하는 종이 있다. 파충류가 어떻게 상대를 위협하는지 알아보자.

코브라는 머리를 치켜들고 후드를 펼치며 상대를 위협한다. 이때 코브라를 섣불리 자극해서는 안 된다.

방울뱀은 꼬리 끝의 방울을 울려 상대를 위협한다.

푸른혀도마뱀은 푸른 혀를 내밀며 상대를 위협한다.

목도리도마뱀은 목 주변의 주름을 펼쳐 자기 몸을 크게 만들어 상대를 위협한다.

적을 만났을 때, 상대의 기를 눌러 싸움을 피하는 수단이 '위협'이다. 파충류 중에는 독특한 방식으로 상대를 위협하는 종이 있다. 코브라는 목 주변의 피부인 '후드'를 펼쳐 상체를 치켜들고 상대를 위협한다. 또한 목도리도마뱀은 이름 그대로 목의 주름을 펼쳐 상대를 위협한다. 이처럼 주로 몸을 크게 보이거나 입을 벌려 위협하는 경우가 많은데, 푸른혀도마뱀은 새파란 혀를 보여 주는 독특한 방식으로 상대를 위협한다.

지금까지의 배틀

지금까지의 배틀

토너먼트 대결을 거치며 준결승전에 진출할 파충류 각 *종족의 대표자가 결정됐다.
그들이 어떻게 여기까지 올라왔는지, 지금까지의 배틀 장면을 다시 한번 살펴보자.

*종족: 같은 종류의 생물 전체를 이르는 말.

파충류 최고 강자는 누구일까? 첫 시합부터 경기장이 뜨겁게 달아올랐다!

토너먼트 대표 결정전은 같은 종족끼리 싸우며 최강 대표를 결정짓기 적합한 배틀이었다. 날카로운 이빨과 강한 턱 힘, 육중한 몸집을 갖춘 '파충류의 왕', 악어들의 싸움을 시작으로 경기장이 뜨겁게 달아올랐다.
그다음 맹독과 파워로 무시무시한 결투를 펼쳤던 최강 뱀들의 대결이 이어졌고, 모든 참가자의 외형과 대결 방식이 달랐던 도마뱀들의 배틀에서는 각 참가자의 개성이 돋보였다. 마지막으로 단단한 등딱지로 방어뿐만 아니라 특별한 공격 능력을 펼치며 열심히 결투를 벌인 거북들의 배틀이 있었다. 모두 비슷한 조건 속에서 자신의 능력을 얼마나 잘 발휘하는지가 승패를 결정짓는 요인이었다.
손에 땀을 쥐게 하는 대결을 치르고 올라온 4마리 파충류는 모두가 인정하는 강자들이다. 각 종족을 대표하는 4마리 선수들이 파충류 최강을 가리는 결정전에서 기억에 남을 명승부를 펼칠 것이다.

▲ 악어거북이 달려들어 상대를 무는 속도가 전광석화처럼 재빨랐다.

바다악어

파충류 중에 몸무게가 가장 많이 나가며, 육지 생물 중에 가장 강한 턱을 가진 파이터이다. 압도적인 힘으로 상대를 죽음으로 몰아넣는다.

그린아나콘다

이번 배틀 출전자 중에서 길이가 가장 긴 거구의 그린아나콘다에게 조르기 공격을 당할 경우 탈출은 불가능하다.

코모도왕도마뱀

강력한 꼬리 공격 한방으로 대표의 왕좌를 차지한 코모도왕도마뱀. 하지만 아직 보여 주지 않은 무기가 있다.

악어거북

괴수의 외모를 가진 거대한 거북이다. 재빠른 공격과 승리에 대한 집념으로 준결승전에 올랐다.

필살의 데스롤 공격을 받으면 반드시 패배하고 만다!

각 종족의 대표를 결정하며 필살의 공격을 선보인 이번 배틀에서 특히 바다악어의 데스롤 공격에 주목할 만하다. 바다악어 전체 길이의 절반 정도이기는 하지만 오스트레일리아민물악어도 전체 길이가 3m나 되는 큰 몸을 가졌다. 그런 오스트레일리아민물악어를 물고 휘두르는 바다악어의 턱의 힘과 근력이 얼마나 강력할지 측정할 수가 없다. 바다악어를 제치고 파충류의 최강왕 자리에 오르기 위해서는 그 필살의 턱 공격을 반드시 피해야 한다.

▶ 오스트레일리아민물악어는 선제공격에는 성공했지만 바다악어의 데스롤 공격에서 처참하게 무너졌다.

▲ 몸집이 작아도 이길 수 있다는 것을 보여 준 악어거북의 집념은 앞으로 많은 생물들에게 희망을 줄 것이다.

체격 차이를 집념으로 극복했다!

강력한 독이 없거나 날 수 없는 생물에게 체격 차이는 승패에 막대한 영향을 미친다. 하지만 악어거북은 불리한 체격 조건에도 몸집이 육중한 갈라파고스땅거북을 무너뜨렸다. 100kg에 가까운 무게 차이를 극복하고 승리를 거머쥔 것이다.

악어거북은 물고기를 사냥하기 위해 물속에서 꼼짝하지 않고 계속해서 기다리는 강한 의지가 있다. 그 집념이 승리의 열쇠가 되어 앞으로의 배틀에서도 대이변을 일으킬 것이다. 준결승전에 오른 4마리의 강자 중 가장 작은 악어거북이 기적을 일으킬 수 있을지 지켜보자.

초강력 파충류 최강왕 결정전
준결승전

제1시합
142쪽

코모도왕도마뱀

VS

그린아나콘다

제2시합
144쪽

악어거북

VS

바다악어

각 종족의 대표 선수들이 출전하는 준결승전에서는 비슷하지만 다른 생물인 뱀과 도마뱀의 대결, 그리고 악어의 이름을 가진 악어거북과 진짜 악어인 바다악어, 두 파이터의 대결이 펼쳐진다. 이 싸움을 제압한 승자가 파충류 최강왕의 자리를 차지하게 된다.

이번 결정전에서 힘 대결로 손꼽히는 준결승전의 첫 번째 시합이다. 체격 승부라면 그린아나콘다의 손을 들어주겠지만 날카로운 발톱을 땅에 박고 버티는 코모도왕도마뱀도 힘에서는 절대로 밀리지 않는다. 둘 중 누가 승리해도 이상할 게 없는 두 강자의 숨막히는 대접전이 예상된다. 가진 힘을 모두 쏟아부어 상대를 먼저 쓰러뜨린 자만이 승리의 영광을 차지할 수 있을 것이다.

배틀 시작을 알리는 종소리와 함께 코모도왕도마뱀의 공격이 시작된다!

코모도왕도마뱀이 1초도 고민하지 않고 그린아나콘다에게 달려들어 몸통을 물었다. 그린아나콘다도 그에 대응해 물기 공격을 시도했지만 코모도왕도마뱀이 몸을 돌려 도망쳤다.

어느새 그린아나콘다의 근육 포위망이 서서히 좁혀오기 시작했다. 코모도왕도마뱀이 겨우 도망쳤지만 이제 잡히는 것은 시간 문제다.

망설임 없이 물기 공격을 시도한 코모도왕도마뱀의 작전이 통했다!

치명적인 결정타!

하지만 그린아나콘다의 공격 기세가 점차 수그러들었다. 처음 코모도왕도마뱀에게 물렸을 때 몸속으로 흘러든 출혈독이 퍼지면서 그린아나콘다가 약해지기 시작하자 코모도왕도마뱀이 반격에 나서며 분위기를 반전시켰다.

공격 필살기!!

강력한 독 주입과 힘 공격

코모도왕도마뱀은 독뿐만 아니라 강인한 근력을 갖추고 있다. 많은 무기를 가진 것이 강자가 될 수 있는 이유이다.

승자

코모도왕도마뱀

마침내 그린아나콘다의 움직임이 멈췄다. 거칠게 날뛰면서 몸에 독이 더 빨리 퍼진 것이다. 그린아나콘다가 패배를 선언하면서 코모도왕도마뱀이 결승전에 올라갔다.

악어의 이름을 가진 거북과 진짜 악어가 맞붙는 흥미진진한 배틀이 시작된다. 악어거북의 몸은 바다악어보다 작지만, 상대의 살을 물어뜯을 만큼 턱의 힘이 강력하다. 또한 바다악어에게 없는 단단한 등딱지를 무기로 가졌다. 공격과 방어를 얼마나 잘하느냐에 따라 몸집이 자신보다 몇 배 이상 큰 바다악어와의 싸움에서 승리의 기회를 잡을 수 있을 것이다.

배틀
시작!

세계 최강의 물기 공격을 단단한 등딱지로 방어한다!

바다악어가 악어거북을 빠르게 덮치며 큰 입을 벌려 물어뜯는다. 바다악어의 물기 공격은 작은 동물이라면 단번에 숨통을 끊어버릴 정도의 위력이지만 악어거북은 단단한 등딱지로 바다악어의 공격을 막아 냈다.

단단한 등딱지를 가진 악어거북은 등딱지에 몸을 숨기지는 못해도 바다악어의 강력한 물기 공격을 막아 냈다. 치명상을 피한 악어거북이 철저하게 방어하면서 반격의 기회를 엿보고 있다.

더 이상 방어할 수 없는 강력한 공격을 퍼붓는다!

하지만 악어거북의 등딱지가 소리를 내며 균열이 가기 시작했다. 이상함을 감지한 악어거북이 몸을 피하려고 한 그 순간, 바다악어가 최강 필살기인 물기 공격으로 악어거북의 등딱지를 뚫어 버렸다.

치명적인 결정타!

공격 필살기!!

최강의 물기 공격

무는 힘이 최강인 바다악어 앞에서는 어떤 방어도 통하지 않는다.

승자

바다악어

거북의 등딱지는 갈비뼈가 발달한 것으로 부서지면 치명상을 입게 된다. 당황한 악어거북이 포기를 선언했고 결승에 진출한 주인공은 바다악어가 되었다.

멸종 위기에 있는 파충류

**점점 개체 수가 줄어들고 있는 파충류 중에는 매력적인 종이 많다.
앞으로 우리가 지켜야 할 멸종 위기의 파충류를 알아보자.**

산호초에 사는 아름다운

▶ 매부리바다거북(Hawksbill sea turtle)

분류: 바다거북과 / 등딱지 길이: 53~114cm / 먹이: 해면동물, 산호 등

매부리바다거북은 따뜻한 바다에 서식한다. 뾰족한 주둥이로 먹잇감을 사냥하며, 아름다운 등딱지를 가졌다.

멋진 뿔이 인기 있는

코뿔소이구아나(Rhinoceros iguana) ◀

분류: 이구아나과 / 전체 길이: 100~120cm / 먹이: 식물의 잎과 줄기, 열매, 곤충

눈과 코 사이에 큰 뿔 모양의 돌기가 있는 이구아나로 '코뿔이구아나'라고도 한다. 몸집이 크고 강한 수컷일수록 돌기가 발달하기 때문에 암컷에게 인기가 있다.

배딱지에 꽃무늬를 감추고 있는

▶ 보석거북(Chinese stripe-necked turtle)

분류: 돌거북과 / 등딱지 길이: 25cm / 먹이: 식물, 물고기, 곤충

'중국줄무늬목거북'이라고도 하며, 아시아에 분포하는 멸종 위기종이다. 배딱지에 노란색 꽃이 핀 것처럼 보이는 무늬가 있다.

꼬리가 쉽게 떨어지는

쿠로이와땅도마뱀(Kuroiwa's ground gecko) ◀

분류: 표범도마뱀붙이과 / 전체 길이: 14~19cm / 먹이: 곤충, 지렁이 등

일본 오키나와 지방의 천연기념물로 지정된 종이다. 야행성으로 거무스름한 자색을 띠며 숲을 누비고 다닌다. 꼬리가 쉽게 떨어진다는 특징이 있다.

개와 고양이가 천적인

▶쿠바이구아나(Cuban iguana)

분류: 이구아나과 / 전체 길이: 70cm / 먹이: 식물

'쿠바바위이구아나'라고도 알려져 있다. 주로 바위터에 서식하며 밤에는 바위틈에서 쉰다. 사람이 사육하는 개나 고양이에 의해 개체 수가 감소하고 있다.

등딱지에 별을 지고 다니는

인도별거북(Indian star tortoise)◀

분류: 땅거북과 / 등딱지 길이: 20~38cm / 먹이: 식물

주로 남아시아에 서식하는 땅거북이다. 등딱지에 사방으로 뻗어 있는 노란 선이 별처럼 보인다고 해서 '인도별거북'이라는 이름이 붙었다.

물리면 끝장인

▶백보사(Hundred-pace snake)

분류: 살무삿과 / 전체 길이: 90~155cm / 먹이: 소형 포유류, 조류, 개구리, 도마뱀 등

맹독을 가졌고 공격력도 강하다. 한 번 물리면 백 걸음을 걷기도 전에 죽는다고 해서 '백보사'라는 이름이 붙었다.

코가 돼지 코를 닮은

남부돼지코뱀(Southern hognose snake)◀

분류: 뱀과 / 전체 길이: 60cm / 먹이: 개구리

코끝이 들려 돼지 코처럼 보여서 붙여진 이름이다. 이 독특한 코끝으로 흙을 파헤쳐 숨은 개구리를 찾는다.

납작한 몸으로 자유롭게 움직이는

▶팬케이크거북(Pancake tortoise)

분류: 땅거북과 / 등딱지 길이: 10~18cm / 먹이: 식물의 잎, 꽃

팬케이크를 떠올리게 하는 납작한 등딱지가 특징이다. 위험을 감지하면 바위틈에 몸을 숨기고, 쉽게 끌려 나오지 않기 위해 등딱지를 부풀려 버틴다.

개체 수가 적은 희귀종인

귀머거리도마뱀(Earless monitor lizard)◀

분류: 귀머거리도마뱀과 / 전체 길이: 30~36cm / 먹이: 지렁이 등

보르네오섬에만 서식하는 도마뱀으로, 확인된 야생 개체 수가 매우 적다. 뱀처럼 귓구멍이 없고 혀가 두 갈래로 갈라져 있다.

파충류를 보호하려면 어떻게 해야 할까?

**전 세계에는 많은 파충류가 살고 있지만,
여러 원인으로 인해 개체 수가 감소하는 종이 많아지고 있다.**

갈라파고스 제도의 마지막 핀타섬땅거북인 '외로운 조지'가 2012년에 죽음을 맞이했다.

숲의 나무를 베어 내면 그곳에 사는 생물들의 서식지가 사라진다.

바다거북이 해양 쓰레기를 먹이로 착각하고 잘못 먹을 수 있다.

야생 고양이가 희귀 생물들을 사냥해 그 수가 감소하기도 한다.

현재 파충류 중 꽤 많은 종이 멸종 위기에 처해 있다. 그 주요 원인으로 사람에 의한 환경 파괴와 무분별한 남획, 반입한 외래종과의 생존 경쟁 등이 있다. 멸종한 핀타섬땅거북은 마지막 남은 한 마리가 '외로운 조지'라 불리며 유명해졌다. 어떤 종이 멸종하는 비극을 없애기 위해서 파충류가 서식하는 환경을 보호하고 외래종을 자연에 풀어놓지 않아야 한다.

초강력 파충류 최강왕 결정전
결승전

코모도왕도마뱀

VS

바다악어

코모도왕도마뱀 VS 바다악어

드디어 파충류의 왕을 결정하는 결승전이다. 둘 중 누가 이긴다 해도 이상할 게 없는 싸움이다. 바다악어와 코모도왕도마뱀은 둘 다 꼬리와 발톱, 이빨 등 전신에 무기를 장착한 타고난 강자이다. 자신이 가진 무기를 얼마나 잘 활용하여 상대를 쥐락펴락할 것인지 기대된다.

배틀 시작!

서로 필살의 한 방을 노리며 싸움을 이어 나간다!

두 승부사가 필살의 한 방을 노리면서도 빈틈을 보이지 않고 서로를 계속해서 견제한다. 코모도왕도마뱀이 날카로운 발톱으로 바다악어의 몸에 상처를 입히고, 바다악어가 강인한 꼬리를 휘둘러 코모도왕도마뱀을 위협한다.

코모도왕도마뱀이 강한 위력을 자랑하는 바다악어의 단단한 꼬리 공격을 피했다. 한편, 코모도왕도마뱀의 날카로운 발톱 공격도 바다악어의 단단한 비늘에 막히고 말았다. 회심의 첫 타격을 주고받았지만, 서로에게 큰 결정타를 날리지는 못했다.

치명적인 결정타!

최강의 물기 공격이 바다악어를 우승으로 이끌었다!

코모도왕도마뱀이 자세를 다 잡고 있는 틈을 타서 바다악어가 재빠르게 움직였다. 바다악어는 큰 턱을 벌려 코모도왕도마뱀의 몸통을 물었다. 코모도왕도마뱀이 갑작스러운 공격을 피하지 못하고 결국 최강의 물기 공격에 당하고 말았다.

공격 필살기!!

빠르고 강력한 턱

새도 잡을 수 있을 정도로 뛰어난 바다악어의 순발력과 빠르고 강력한 턱이 승패를 결정지었다.

승자

바다악어

코모도왕도마뱀이 있는 힘을 다해 발버둥쳤지만, 바다악어의 날카로운 이빨에 갇혀 탈출할 수 없었다. 결국 코모도왕도마뱀이 패배를 인정했다. 마침내 바다악어가 파충류 최강왕 자리에 올랐다.

결승전 총평

초강력 파충류왕 자리를 걸고 치러진 토너먼트 대결의
결승전에서 바다악어가 막강한 상대를 이기고 최종 우승했다.

강한 의지와 최강 물기 공격이 승리의 열쇠!

준결승전에서 그린아나콘다를 물리친 코모도왕도마뱀과 악어거북을 힘으로 제압한 바다악어가 결승전에서 만났다. 거대한 몸집과 강력한 무기를 가진 두 맹수가 결승전에서 격돌하자 바다악어가 강인한 턱을 승부수로 정했다. 드디어 시작된 결승전, 둘 다 실력자이므로 승패를 결정할 필살기를 정하기가 쉽지 않았을 것이다. 코모도왕도마뱀은 발톱과 송곳니 등 다양한 무기를 이용해 승리할 계획을 세웠다. 하지만 어떤 상황에서도 흔들리지 않는 바다악어의 강한 의지와 최강 물기 공격이 바다악어를 승리로 이끌었다.

준결승전

악어거북과 치른 준결승전. 악어거북이 방어 태세를 취하자 모두가 장기전을 예상했다. 하지만 바다악어가 강인한 턱으로 악어거북의 견고한 등딱지를 깨뜨리며 예상외로 빠른 승부가 났다.

결승전

코모도왕도마뱀과의 결승전은 어느 쪽이 이겨도 이상하지 않을 만큼 수준 높은 경기였다. 상대가 방심한 틈을 놓치지 않은 바다악어가 순발력으로 승리했다.

총평

긴 싸움을 제압하고 파충류 최강왕의 자리를 거머쥔 주인공은 바다악어였다. 강력한 큰 턱과 파충류 최고 중량급의 몸집을 이용한 결투 방법, 상대에게 휘둘리지 않고 물가의 사냥꾼다운 냉철함을 끝까지 밀고 나간 것이 승리의 요인이었다. 바다악어는 우리에게 자신에 대한 강한 믿음이 얼마나 중요한지를 가르쳐 줬다. 한편, 2위를 차지한 코모도왕도마뱀과 이번 대회를 흥미진진하게 이끌어 준 모든 선수들에게도 응원의 박수를 보낸다.

초강력 파충류왕 대도감에 등장한 파충류 소개

전 세계에는 많은 종류의 파충류가 존재한다.
여기서는 이 책에 등장하는 파충류들을 한눈에 볼 수 있도록 정리하였다.

가시도마뱀

전체 길이 15 ~ 18cm
분포 지역 오스트레일리아 서부 · 중부
해당 페이지 69쪽

갈라파고스땅거북

등딱지 길이 130cm
분포 지역 갈라파고스 제도
해당 페이지 100쪽

검은맘바

전체 길이 200 ~ 350cm
분포 지역 아프리카
해당 페이지 48쪽

검정카이만

전체 길이 5m
분포 지역 남아메리카
해당 페이지 24쪽

고리무늬스피팅코브라

전체 길이 90 ~ 110cm
분포 지역 아프리카 남동부
해당 페이지 44쪽

골리앗개구리

전체 길이 18 ~ 32cm
분포 지역 아프리카 카메룬, 적도 기니
해당 페이지 126쪽

그레이터사이렌

전체 길이 50 ~ 98cm
분포 지역 미국 동부, 남부
해당 페이지 121쪽

그린아나콘다

전체 길이 10m
분포 지역 남아메리카 북부
해당 페이지 52쪽

그물무늬비단뱀

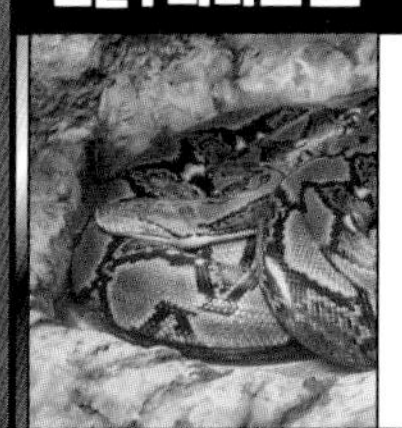

전체 길이 10m
분포 지역 동남아시아
해당 페이지 51쪽

긴코악어

전체 길이 2~4m
분포 지역 서아프리카, 아프리카 중부
해당 페이지 26쪽

나일악어

전체 길이 6m
분포 지역 아프리카 마다가스카르
해당 페이지 27쪽

날개구리

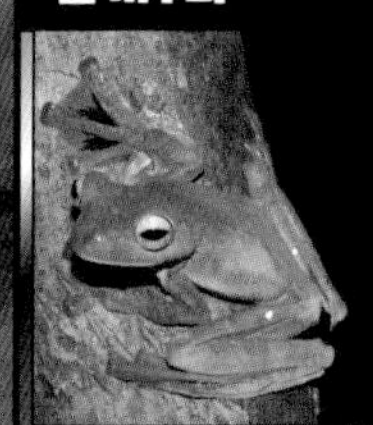

전체 길이 수컷 8.9cm, 암컷 10cm
분포 지역 태국 반도부, 말레이반도, 보르네오섬
해당 페이지 124쪽

날도마뱀붙이

전체 길이 18~20cm
분포 지역 말레이반도, 수마트라섬, 자바섬, 보르네오섬
해당 페이지 74쪽

내륙타이판

전체 길이 180~250cm
분포 지역 오스트레일리아 내륙부
해당 페이지 45쪽

넓은입카이만

전체 길이 2~3m
분포 지역 남아메리카 중부
해당 페이지 30쪽

늑대거북

등딱지 길이 50cm
분포 지역 캐나다 남동부, 아메리카 중부
해당 페이지 92쪽

늪지악어

전체 길이 4m
분포 지역 인도 주변
해당 페이지 22쪽

마타마타거북

등딱지 길이 40~48cm
분포 지역 남아메리카 북부
해당 페이지 93쪽

말레이가비알

전체 길이 3~5m
분포 지역 보르네오섬, 수마트라섬, 말레이반도
해당 페이지 31쪽

목도리도마뱀

전체 길이 60~90cm
분포 지역 오스트레일리아 북부, 뉴기니섬 남부
해당 페이지 71쪽

미시시피붉은귀거북

등딱지 길이 25cm
분포 지역 미국 미시시피강 주변
해당 페이지 104쪽

바다악어

전체 길이 7m
분포 지역 인도 동남부, 오스트레일리아 북부
해당 페이지 28쪽

반시뱀

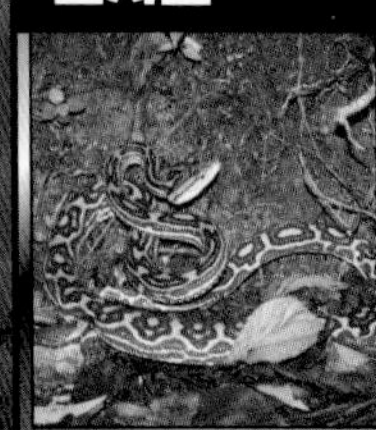

전체 길이 100 ~ 240cm
분포 지역 일본, 대만
해당 페이지 55쪽

불도롱뇽

전체 길이 14 ~ 29.5cm
분포 지역 유럽, 북서아프리카, 서남아시아
해당 페이지 118쪽

붉은바다거북

등딱지 길이 74 ~ 100cm
분포 지역 전 세계 열대, 아열대 및 온대 바다
해당 페이지 98쪽

붉은배영원

전체 길이 8 ~ 13cm
분포 지역 중국, 일본
해당 페이지 117쪽

사막뿔도마뱀

전체 길이 7 ~ 14cm
분포 지역 북아메리카 남서부
해당 페이지 78쪽

사이드와인더방울뱀

전체 길이 60 ~ 80cm
분포 지역 아메리카 남서부, 멕시코 북서부
해당 페이지 47쪽

살무사

전체 길이 40 ~ 65cm
분포 지역 한국, 일본, 중국 북동부
해당 페이지 56쪽

솔방울도마뱀

전체 길이 30 ~ 50cm
분포 지역 오스트레일리아 남부
해당 페이지 70쪽

아르마딜로도마뱀

전체 길이 16 ~ 21cm
분포 지역 남아프리카 공화국, 남부 나미비아
해당 페이지 79쪽

아메리카독도마뱀

전체 길이 40 ~ 50cm
분포 지역 미국 남서부, 멕시코 북서부
해당 페이지 66쪽

아메리카앨리게이터

전체 길이	6m
분포 지역	미국 남동부
해당 페이지	21쪽

악어거북

등딱지 길이	40 ~ 80cm
분포 지역	북아메리카 남동부
해당 페이지	90쪽

악어왕도마뱀

전체 길이	450cm
분포 지역	뉴기니섬
해당 페이지	75쪽

안경카이만

전체 길이	2m
분포 지역	중앙아메리카, 남아메리카
해당 페이지	23쪽

알다브라코끼리거북

등딱지 길이	105cm
분포 지역	인도양 세이셸 제도, 알다브라섬
해당 페이지	102쪽

오스트레일리아민물악어

전체 길이	3m
분포 지역	오스트레일리아 북부
해당 페이지	18쪽

유혈목이

전체 길이	70 ~ 150cm
분포 지역	한국, 일본, 중국, 대만
해당 페이지	54쪽

이베리아영원

전체 길이	15 ~ 20cm
분포 지역	이베리아반도, 모로코
해당 페이지	120쪽

인도가비알

전체 길이	4 ~ 6m
분포 지역	인도, 네팔
해당 페이지	32쪽

인도좁은머리자라

등딱지 길이	120cm
분포 지역	인도 주변
해당 페이지	94쪽

일본두꺼비

전체 길이	8 ~ 17.6cm
분포 지역	일본
해당 페이지	125쪽

일본장수도롱뇽

전체 길이	30 ~ 150cm
분포 지역	일본
해당 페이지	114쪽

자라

등딱지 길이 15 ~ 35cm
분포 지역 동아시아, 동남아시아 일부
해당 페이지 96쪽

장수거북

등딱지 길이 180 ~ 220cm
분포 지역 태평양, 대서양, 인도양
해당 페이지 99쪽

좁은다리사향거북

등딱지 길이 15 ~ 18cm
분포 지역 중앙아메리카
해당 페이지 97쪽

좁은띠큰바다뱀

전체 길이 70 ~ 120cm
분포 지역 태평양에서 인도양의 열대 해역
해당 페이지 46쪽

중국상자거북

등딱지 길이 19cm
분포 지역 중국 남부, 대만 등
해당 페이지 103쪽

초록이구아나

전체 길이 100 ~ 180cm
분포 지역 중앙아메리카, 남아메리카 중부
해당 페이지 68쪽

코모도왕도마뱀

전체 길이 250 ~ 310cm
분포 지역 인도네시아의 코모도섬 등
해당 페이지 76쪽

쿠바악어

전체 길이 3.5m
분포 지역 쿠바
해당 페이지 20쪽

킹코브라

전체 길이 300 ~ 550cm
분포 지역 인도, 중국 남부, 동남아시아
해당 페이지 42쪽

토케이도마뱀붙이

전체 길이 35cm
분포 지역 동남아시아
해당 페이지 72쪽

파라다이스나무뱀

전체 길이 100 ~ 120cm
분포 지역 동남아시아
해당 페이지 50쪽

팬서카멜레온

전체 길이 30 ~ 53cm
분포 지역 마다가스카르섬 북부, 북동부
해당 페이지 80쪽

호랑이도롱뇽

전체 길이 15 ~ 40cm
분포 지역 북아메리카
해당 페이지 116쪽

황금독화살개구리

전체 길이 3.7 ~ 4.7cm
분포 지역 콜롬비아
해당 페이지 122쪽

황소개구리

전체 길이 12 ~ 18.5cm
분포 지역 캐나다 남동부, 멕시코 북동부
해당 페이지 128쪽

1판 1쇄 인쇄 2024년 12월 10일
1판 1쇄 발행 2024년 12월 20일
감수 | 시라와 츠요시
번역 | 이진원
발행인 | 심정섭
편집인 | 안예남
편집장 | 최영미
편집자 | 이수진, 박유미
디자인 | 권규빈
브랜드마케팅 | 김지선, 하서빈
출판마케팅 | 홍성현, 김호현
제작 | 정수호
발행처 | (주)서울문화사
등록일 | 1988년 2월 16일
등록번호 | 제 2-484
주소 | 서울특별시 용산구 새창로 221-19
전화 편집 | 02-799-9375 **출판마케팅** | 02-791-0708 **인쇄처** | 에스엠그린

ISBN 979-11-6923-492-4
979-11-6923-483-2(세트)